葉っぱをステキに飾る、身につける。

小さなリーフアレンジの本

フローリスト編集部 編

叶材设计与制作

[日] 花艺师编辑部 编

唐伟伦 译

中国轻工业出版社

前言

叶，虽然一个字就可以概括，但实际上种类繁多。

纤弱的路边小草，
多彩鲜艳的绿化树，
胖胖的可爱的多肉植物，
叶子尖锐的空气凤梨……
稍微一想，脑海中马上就浮现出这么多叶子的形象。

静静地注视着一片片叶子，
不知不觉就陶醉于它奇妙的色彩变化和叶脉韵律中。
摸一摸，湿漉漉、毛毛糙糙、乱蓬蓬的触感，
令心灵得到治愈。

只是观赏就已妙趣横生，
真切的触碰更是魅力无穷。

若再花一点工夫，加一点创意，
就可以做成漂亮的饰品、
有趣的手工，
甚至可以做成贴身饰物。

本书特邀品位超凡的花艺大师，
为我们展示用叶子完成的创意之作。

希望每一位热爱植物的人，
享受触摸叶子带来的乐趣，
享受触碰叶子那一刻的美好，以及赏叶时治愈心灵的时光。

相信我们的生活会一直快乐！

比如……

从房间里的盆栽上修剪下来的枝叶。

本应该扔掉的东西
换个方法培养或许会重获新生！

庭院里种的
香草……
虽说用作室内装饰就已足够……

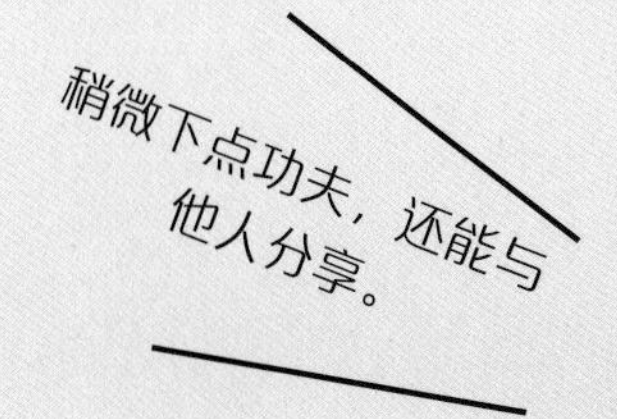

用叶子包装起来就成了一份礼物！

下面，就带你走进眼花缭乱的叶艺世界！

目录
CONTENTS

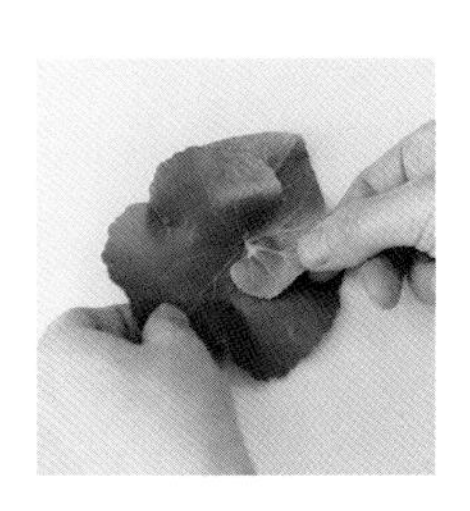

4 加工成艺术品

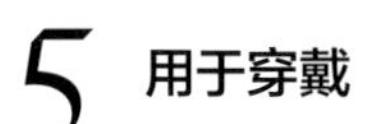

5 用于穿戴

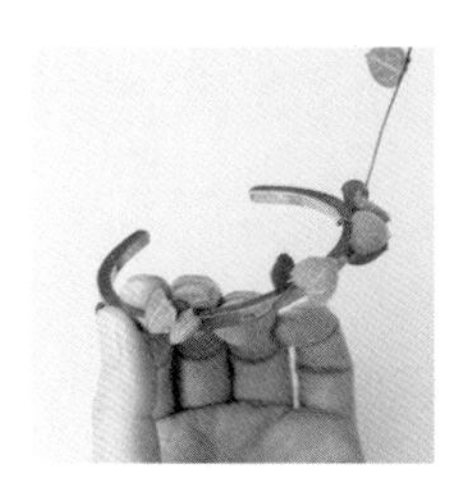

6 自由发挥

1

基础知识

在用叶子制作室内装饰、随身饰品之前，首先学习一下应了解的基本知识，如叶子的分类、处理方法和加工技巧等。只要简单知道一点，就可以拉近你与那些平日里不起眼的叶子的距离，让你对它们产生更加浓厚的兴趣！

叶材处理的基本要点

本部分简单归纳了叶材处理中需要了解的基础中的基础。虽然都是一些小事，但是做和不做却完全不一样。请务必抓住要点。

斜剪茎部

不论是叶子还是花，在插之前都一定要斜着剪一下茎部。这样做可以增大吸水的面积，是让剪下的花与叶尽可能活得久一些不可缺少的步骤。在水中剪茎部可以增强植物吸水的能力，这种手法被称为“水中剪切”。

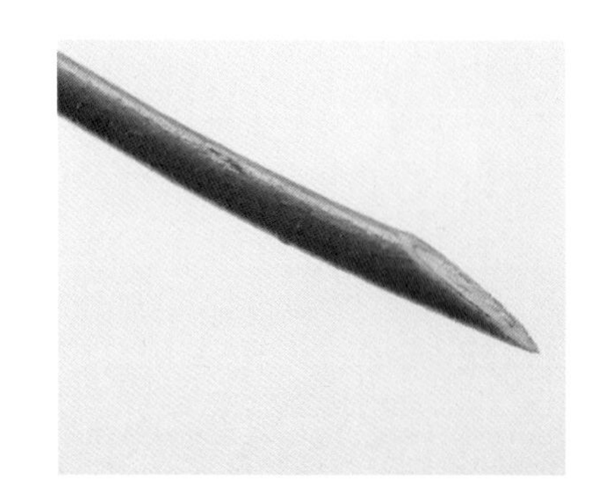

绝对法则：叶子不与水接触

插花的时候，要事先将会与水接触的叶片去掉，叶片浸水更容易腐烂并导致水污染，会缩短植物的寿命。图中左侧为正确做法，右侧则错误。要尽可能每日换水，保持洁净。这样做不仅美观，还能延长植物的寿命。

保持新鲜

虽然叶子是一种无论用剪、贴还是折的方法来加工都能收获快乐的东西，但基本上都应在其尚为柔软且新鲜的状态下进行操作。如果叶子干到毫无水分而变得脆脆的，稍稍一碰就会折断或是错位。

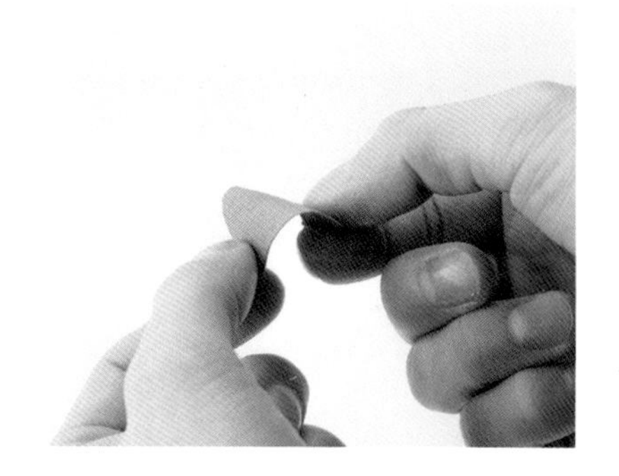

从擦拭开始

在用买来的或是捡来的枝叶制作作品之前，首先要把它们好好地擦干净。等作品完成了再去擦的话会很难，特别是那种有大片明显污渍的叶片还会影响成品的质量。

判明颜色、形状以及质感

虽说都是绿色，但它们的色调却是千差万别，略显白色的、略显黄色的、带些许蓝色的，等等，颜色多得如同调色盘一般。还有它们的形状、大小、质感也是多种多样，能把这些特点一一辨别再加以组合，既能体现自己的审美观，又能彰显个性！

叶材图鉴

植物的叶子千奇百怪。叶子根据其大小、形状、颜色以及质感，可分成许多种类。接下来就分类介绍一些叶子。掌握了叶子自身的特点后，不论拿来做什么都会更得心应手。

灰白色系

配色令人平静并略显灰色的一组叶子。
大多数有厚实的质感。素雅的色调别有一番魅力。

菲油果

正面和背面颜色不同，背面颜色较白

圆叶桉

因其叶为圆形，所以叫圆叶桉，味道很香

杜松

柏科植物。格林童话中曾出现过

古尼桉

小叶片
桉树属桃金娘科

珍珠相思

很柔软
成熟后开黄色的花

多花桉

柔软的枝以及小小的果
是它独有的特点

科罗拉多蓝杉

叶为尖刺状，被扎到会很痛

针叶树

有着令人神清气爽的香气。常用于做花环

清新活力系

一提到叶子便会联想到的标准颜色。
清新，充满活力。

多花素馨
枝蔓轻盈
气味香甜
天竺葵叶
叶上有绒毛，手感柔软
葡萄常春藤
葡萄科白粉藤属
分布于热带与温带
雪花天竺葵
有细雪一般的白色
斑点

高冷黑色系

绿中带黑，如巧克力色一样。
这种颜色让它们有着一种其他植物没有的存在感。

龙血树

一种具有南国风情的植物，
生长于热带

北美南天竹（红叶）

别名西洋南天竹。红色的茎也很漂亮

花烛叶

光鲜且极具特征的形状
冲击感十足

密叶龙血树
形状像鸡毛掸子一样
茜草
不由自主联想到咖啡豆
千年健
也有绿色的品种

纯白色系

纯白，像结霜一样，有薄薄的一层白色。一组不同浓度的白色交织在一起，色调优美，如雪一般纯洁。

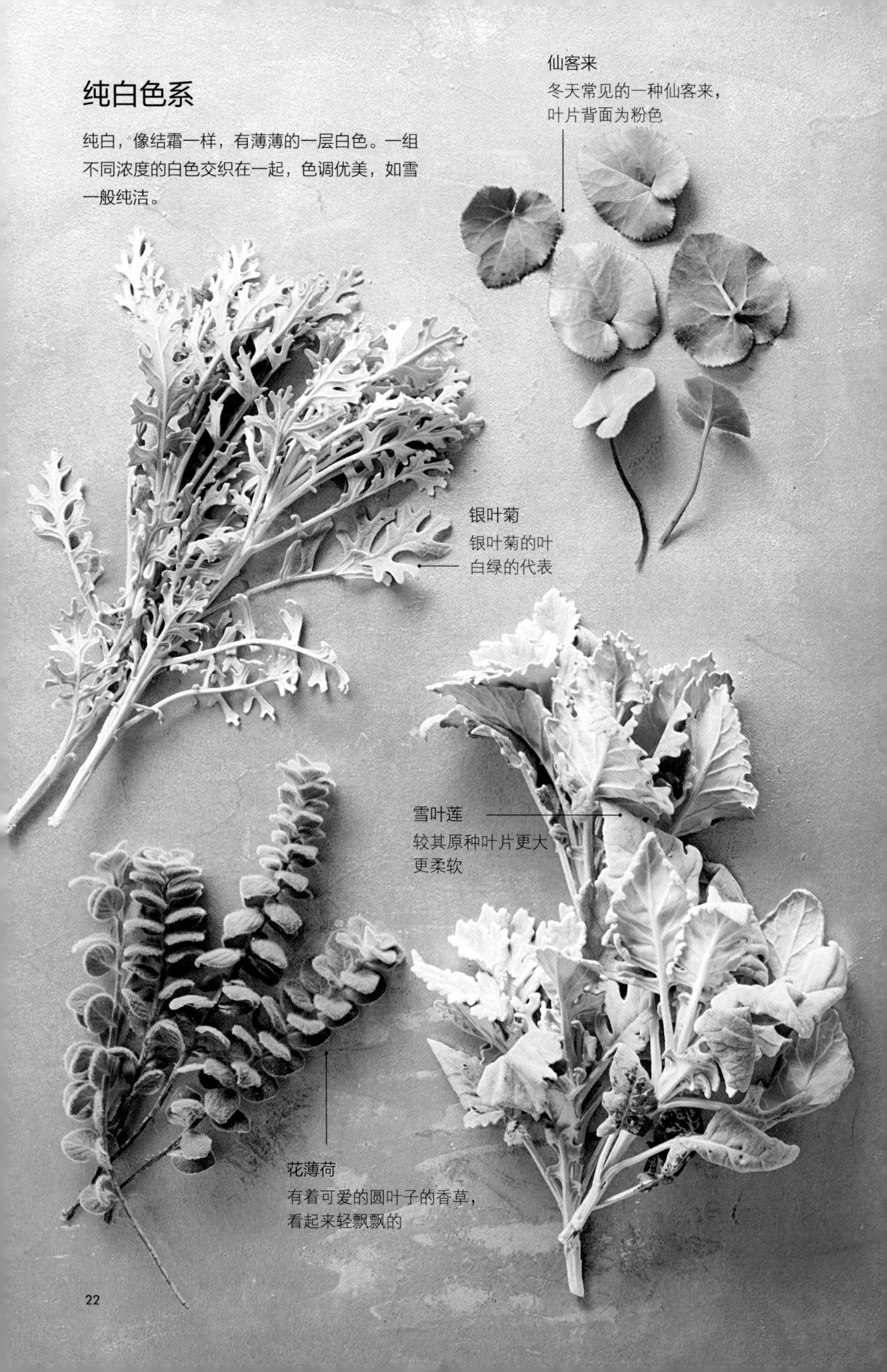

细裂银叶菊
像精致的蕾丝一样

奥勒菊
从盆栽上剪下来的。
姿态柔软而纤细

澳洲地肤
一种耐盐观赏植物

宽萼苏
一种在花园种植的香草，颇有人气。
叶肉略厚

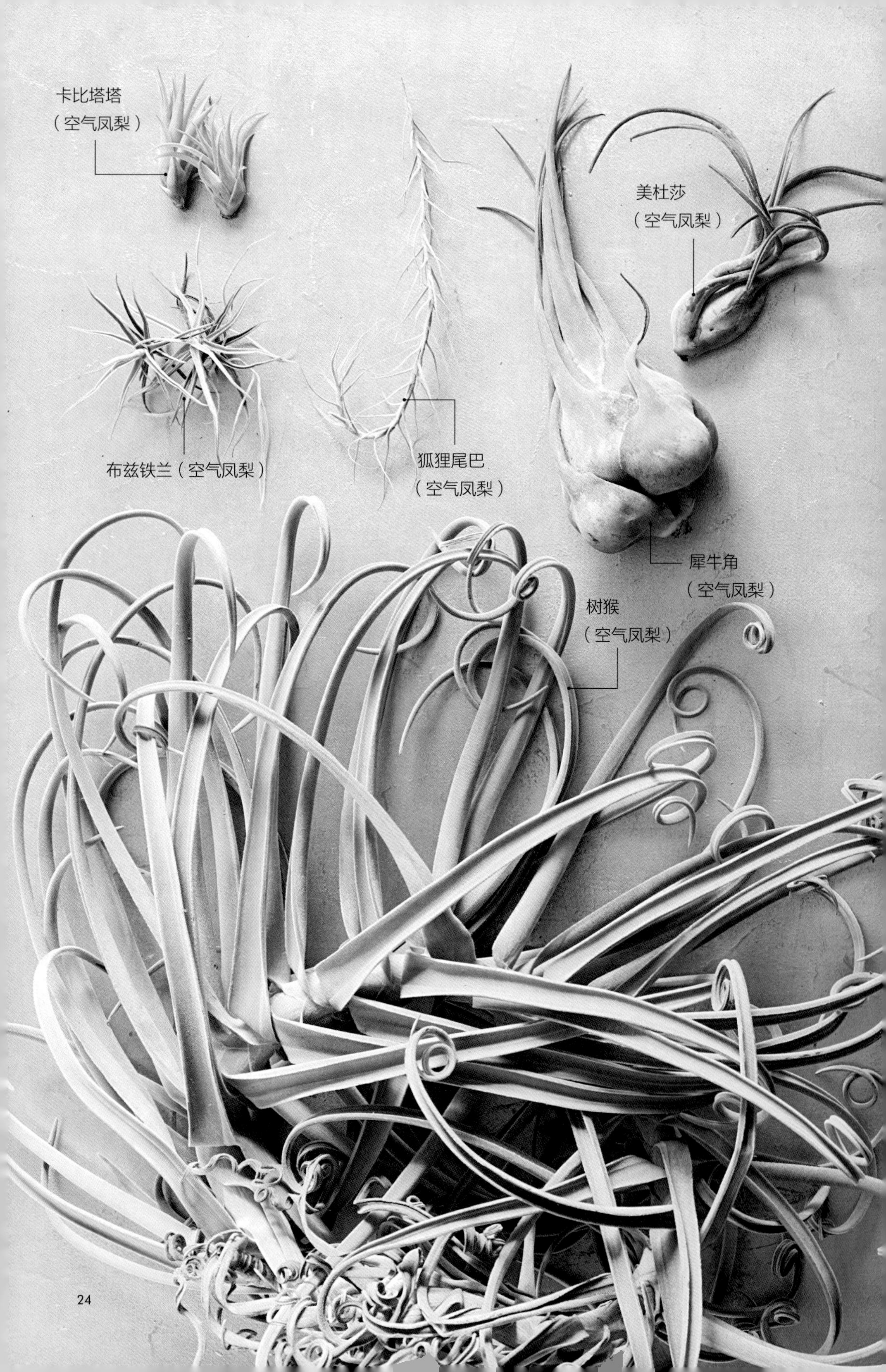
卡比塔塔
（空气凤梨）
美杜莎
（空气凤梨）
布兹铁兰（空气凤梨）
狐狸尾巴
（空气凤梨）
犀牛角
（空气凤梨）
树猴
（空气凤梨）

多肉植物·空气凤梨

具有超高人气的室内装饰植物，种类繁多。
生命力顽强所以好养活，不论是否再加工都是很好的装饰品。
※ 除了多肉植物以及翡翠珠其余的均为空气凤梨。

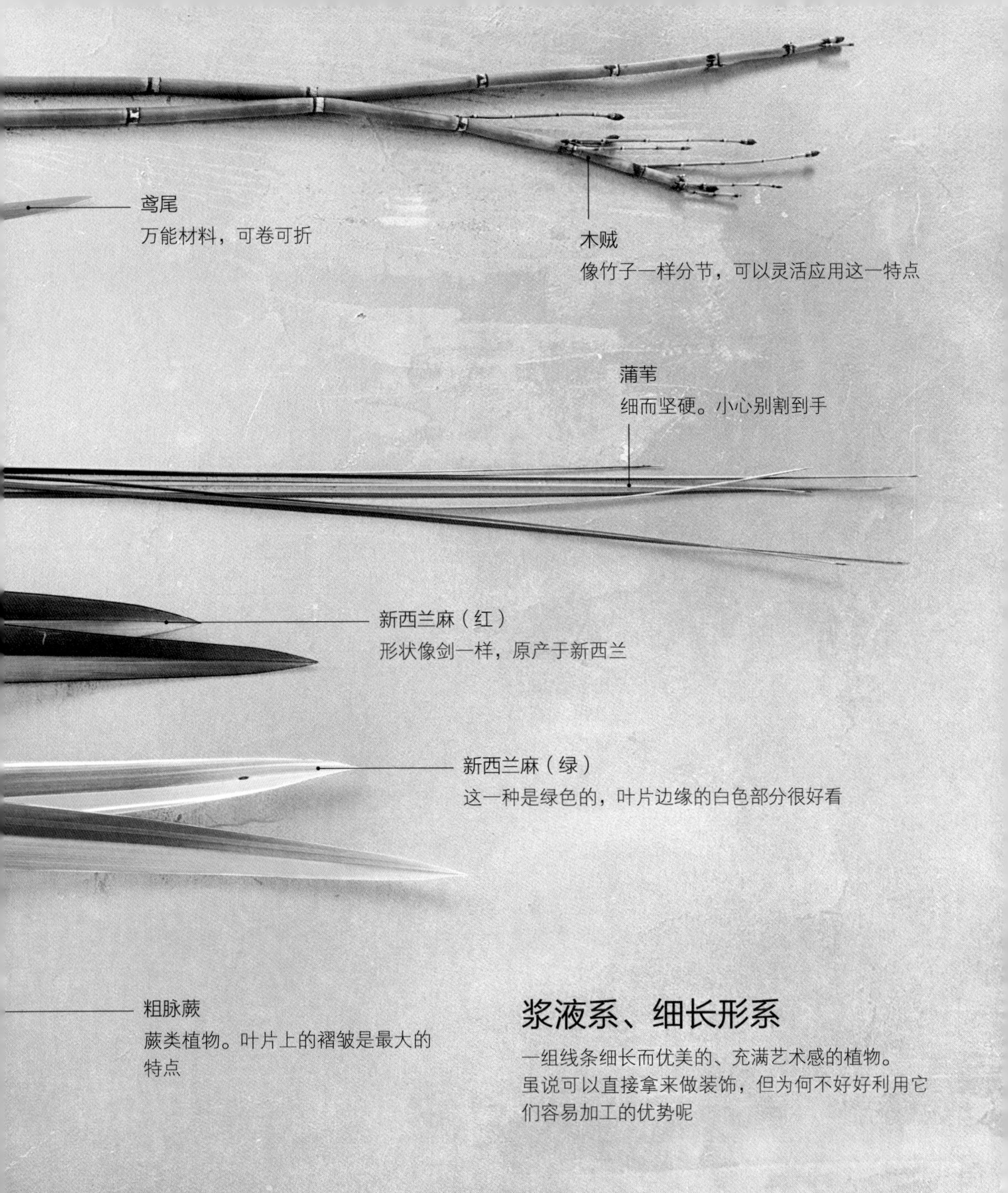

浆液系、细长形系

一组线条细长而优美的、充满艺术感的植物。虽说可以直接拿来做装饰，但为何不好好利用它们容易加工的优势呢

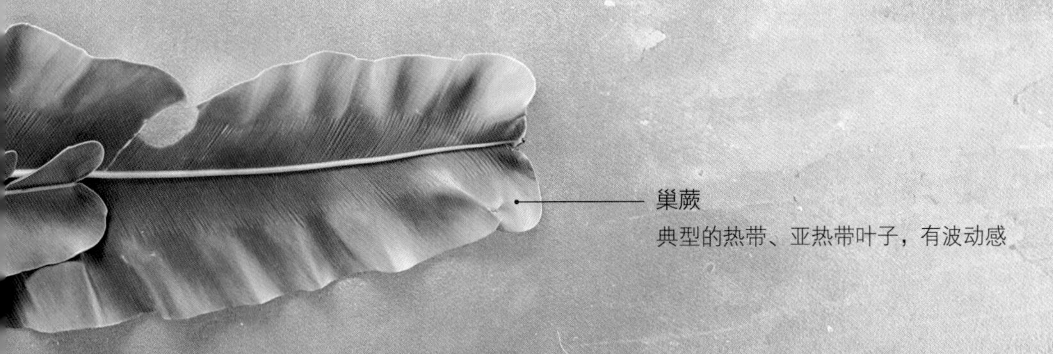

2

叶材加工技巧

用叶材制作作品时，最便捷的技巧是享受制作过程本身带来的乐趣。细心钻研，无声无息，一心一意地面对着手中的叶子。结果会诞生出怎样的作品也是乐趣之一。这就是花艺大师们的心境。

编

把细长的叶片当作线来编的技巧。也可以把宽叶撕开来编。
一心一意不停地编，直到成形。分三股来编，效果也不错。

要点 | POINT

1. 使用细长形的叶子。
2. 宽叶要撕成合适的宽度。
3. 用不同宽度和颜色的叶子相组合，成品会千变万化。
4. 还可以作为点缀，也能给作品加分。

制作方法 | HOW TO MAKE

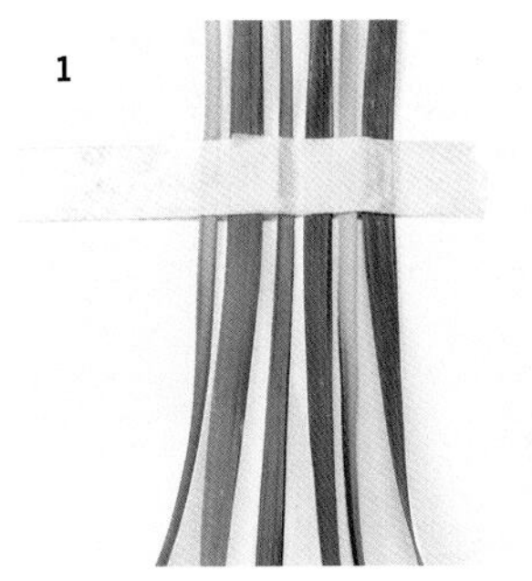

将叶片纵向排列在一起，用胶纸粘住。叶片之间最好别留太大的空隙，这样能编出更漂亮的作品。

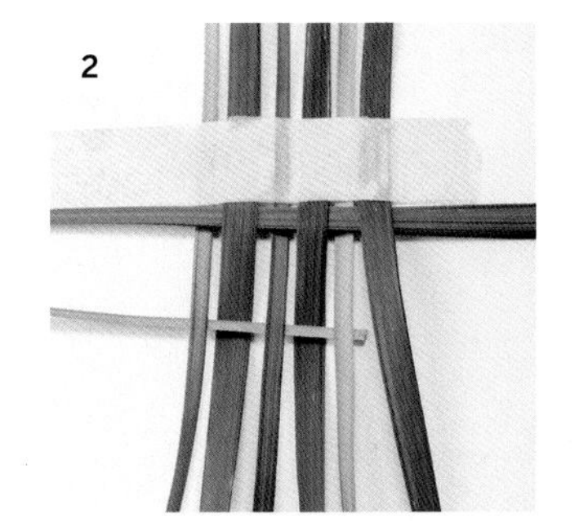

横向的叶片像织布一般穿过纵向的叶片。把穿好的叶片推到上面、排列整齐之后再穿下一片叶子，可以编得更顺利。

【示例使用的植物】

鸢尾、芒草、新西兰麻（红、绿两种）、松叶

卷

通过卷的手法，让线形的叶片呈螺旋状。摆在平面上就会产生艺术感，也可以在插花时当作缎带用来装饰。

要点 | POINT

1．卷时的力道不同，效果也会不同。
   想用力卷的时候，可用竹签之类细一点的工具来卷。
   轻些卷时，用食指卷很方便。
2．卷完之后，要养成将其放在手里焐热后再放下的习惯。

制作方法 | HOW TO MAKE

1

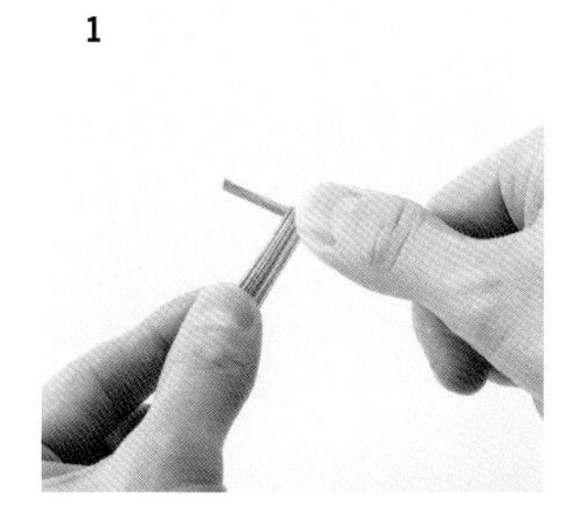

用竹签卷叶片。

2

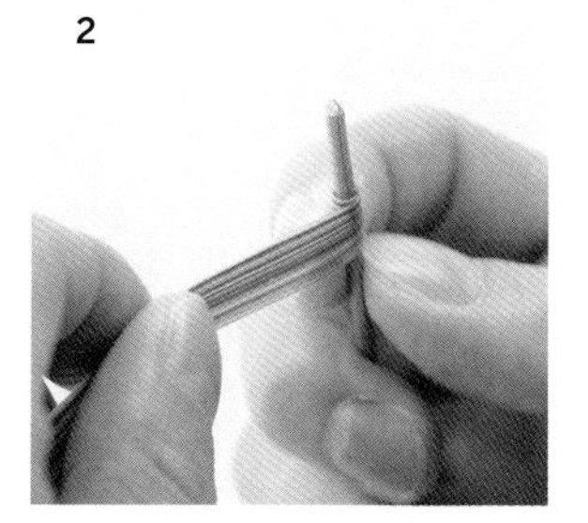

最初的几圈一定要缠紧。

3

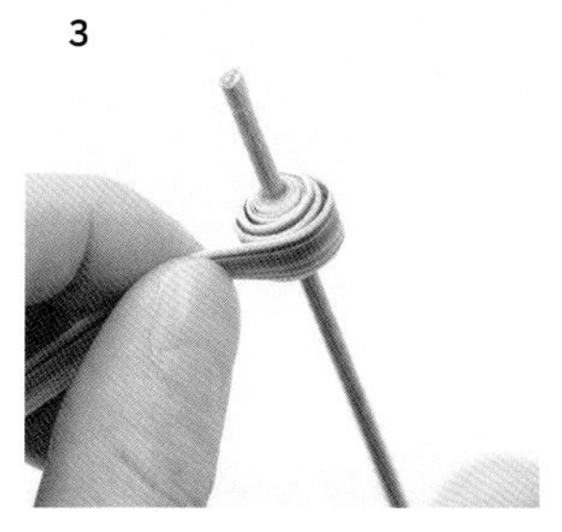

觉得卷得差不多了就可以停了。

4

把竹签抽出来后的效果。

【示例使用的植物】
芒草

贴

以别的材料为基础，将叶片贴上去的技巧。
像贴画一样拼贴，很轻松就能做到。也可以用一些具有立体感的物体来做。

要点 | POINT

1. 粘接的时候用喷胶或是双面胶能更省力并且效果更好。
2. 只用一种叶片会显得整齐一致，用多种叶片则显得热闹非凡。

制作方法 | HOW TO MAKE

1

茎或叶脉结实且立体感强的叶片要事先剪好。

2

在叶片背面喷上喷胶，粘上双面胶也可以。

3

贴在准备好的底材上。

【示例使用的植物】
松叶（干）、龙血树、一叶兰、芒草、鸢尾、新西兰麻（绿）

折

通过弯折改变叶片形状的手法。
除了像折纸一样来折之外，也可以利用铁丝将叶片折成自己想要的造型。

要点 | POINT

1. 插入铁丝之后，就可以自由塑形了。
2. 22 号或 24 号的铁丝比较合适。
3. 想让塑形效果更好的话，就用稍微粗一些的 22 号铁丝。
4. 当然，也可以不用铁丝、直接折。

制作方法 | HOW TO MAKE

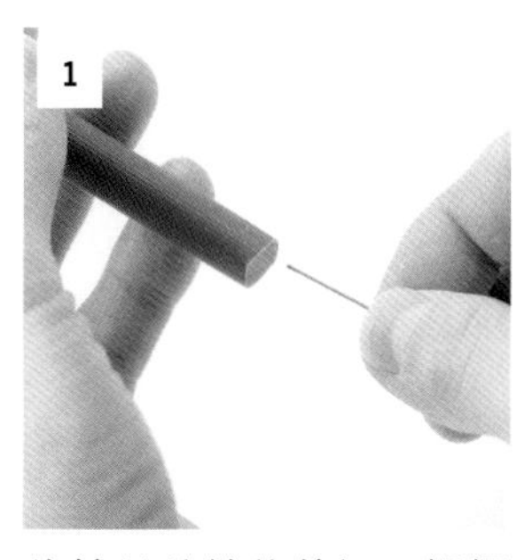

1 将铁丝从植物的切口慢慢插入。

2 等铁丝插到目标位置后再折。

【示例使用的植物】
木贼、鸢尾

叠

通过重叠叶片，赋予扁平的叶片以立体感的有趣技巧。
用叶子把杯子塞满，或者穿在树枝上也很有趣。

要点 | POINT

1．因为枯叶易碎，所以穿的时候要用新鲜的叶子。
2．要做成树状时，最好是从下至上进行操作，叶片要由大到小。

制作方法 | HOW TO MAKE

1

将叶片分成单独的一片一片的。

2

在穿叶子前，先把枝干斜着剪一下，穿起来会轻松一些。

3

一片一片地穿上去。

【示例使用的植物】
桉树叶等落叶

3

直接用作装饰

观叶植物通常被用作绿化室内或者是衬托花朵的大配角。只用叶子来做室内装饰是不是太素了?不用担心！只要使用正确的装饰方法，叶子就能展现出它的独特美感。无论空间的风格如何，简单的绿与绿的组合都能很好地融入进去，令人不禁感叹它那高超的融合力。只需稍稍下点功夫，就能装饰得很完美。

多肉植物瓶中花园

种在玻璃瓶中的植物，仿佛就是一片迷你大森林。
在一个小小的空间中创造出一个自己特有的世界，十分令人陶醉。
像开天辟地的神一样，创造只属于自己的瓶中花园。
如果在玻璃瓶中放一些人偶或动物模型会更加热闹。

所需材料和工具

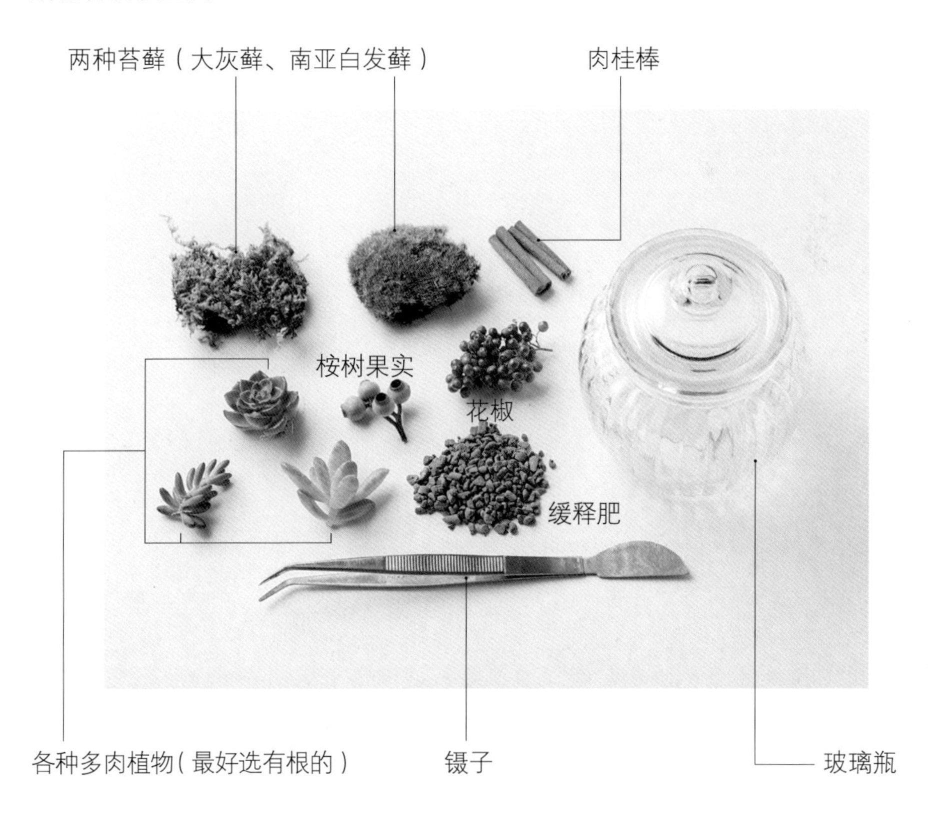

制作方法 | HOW TO MAKE

1

在容器中放入肥料，占容器的 1/5 左右。肥料具体的用量要依据植物的位置及数量考虑。

2

一般的，苔藓在采集时土会留得厚一些，所以移栽时应用剪刀把苔藓上带的土剪掉一些。

3

将苔藓铺在肥料上。用镊子操作会方便一些。

4

将大灰藓与南亚白发藓按个人所好铺满。

放入多肉植物。

加入一些干燥的材料做点缀。

要点 | POINT

1. 一般情况下，多肉植物尽量摆放在光照充足、空气流通的地方养护（夏季避免阳光直射）。
2. 每周用喷雾器浇一次水，不过夏冬时节要酌情控制。
3. 注意，盖上瓶盖加以密封的话会影响通风，植物容易长虫。

杯子里的空气凤梨

虽说直接摆上一个空气凤梨就已经很好看了，
但像这样放在玻璃杯中更能增添它的美感。
既不过于华美，也不过于草率，用来装饰日常生活再好不过。
放好后再加些肉桂棒之类的干燥材料，
可增添颜色和质感的变化，更有个性。

所需材料和工具

- 空气凤梨小精灵
- 老人须（永生花）
- 肉桂棒
- 玻璃杯

制作方法 | HOW TO MAKE

把老人须装进玻璃杯中，用手铺平。

把小精灵放在老人须上面。

把肉桂棒放进去作为装饰。

要点 | POINT

铺在底层的老人须推荐使用白色的，底层的白色更能衬托出小精灵的绿色。
这里使用的是染成白色的老人须永生花，也可以用干燥花来做。老人须是空气凤梨中的一种，能直接买到。

玻璃瓶中的绿色

如果在容器和摆放上下足了功夫，即使只有绿叶，也能一举提升存在感。例如将那些十分令人怀念的化学试验用器具随意地摆放在桌子上。所插的绿叶，用弯曲的松枝、西番莲相结合营造出动感。加入一些带斑的叶子，可以给人一种轻快的感觉。

所需材料和工具

- 西番莲
- 松树（两种）
- 北美南天竹
- 一叶兰
- 茵芋（带斑点）
- 烧杯等玻璃器皿

要点 | POINT

1. 容器方面使用烧杯和长颈瓶等化学试验用具。故意摆放得毫无平衡感。较之常见的“里高外低”摆法，上图这种随意搭配的高低差才是乐趣所在。

2. 插花的时候要经常后退一步看一看，确认整体效果后再继续，这样才能插出平衡感好的作品。最重要的是如何当好美化室内空间的配角。

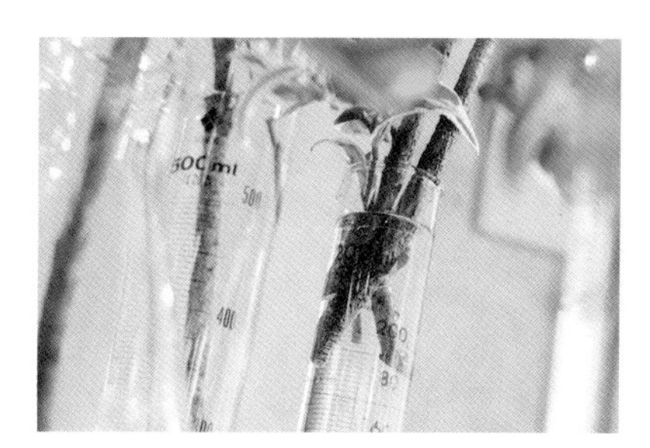

3. 在细长容器中想把花插得高一些时，如图所示这样让其根部卡在瓶口处就可以了。水要灌到接近瓶口的地方。

多肉植物勺子秀

一个一个单独的多肉植物，星星点点地排列在勺子上。
像蔬菜甜点一样，让人产生一种仿佛能一口吃下的错觉。
这种使用勺子陈列的方式，在现在的室内植物装饰中已十分常见，
能展现出多肉植物崭新的一面。
只是这样简单地摆在一起就已如画般美丽。

所需材料和工具

- 各种多肉植物
- 勺子

要点 | POINT

1. 利用修剪多肉植物剩下的多余部分，找到另外一种乐趣。因为完全不用土，所以可以摆放在任何地方。那些设计精致的勺子，可以不放植物，直接展示。
2. 将相同的要素排列在一起，展现出一种整齐的节奏感，就算是小东西也能非常美观。这就是集中展示的冲击力。
3. 多肉植物需每周浇一次水，浇足。

苔藓盆栽

只需在土面上铺上苔藓，就能使盆栽整体协调起来。
不论是怎样的心情，都会被苔藓那天真烂漫的样子所感染。
用手触摸饱含水分的苔藓也有着极强的治愈效果。
灵活运用那些手工制作并极具个性的花盆，用苔藓堆出苔玉的感觉。

所需材料和工具

- 植物盆栽（这里使用的是云间草盆栽）
- 苔藓
- 镊子
- 剪刀
- 花盆

制作方法 | HOW TO MAKE

1

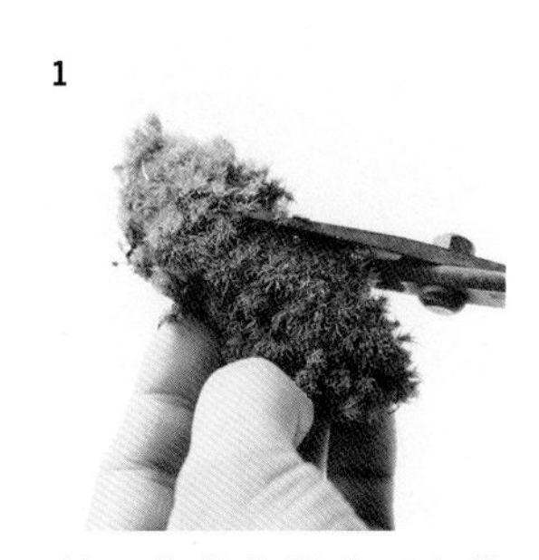

用剪刀将苔藓剪成适合花盆的大小。将苔藓分成几块来铺能轻松一些。

2

将苔藓覆盖在土上，直到看不见土为止。

3

用镊子将苔藓塞进苔藓和花盆壁之间的缝隙中，使成品显得更自然一些。

要点 | POINT

1. 将盆栽移植到这种浅盆中时，可先在浅盆中放入一半的土，然后再将盆栽移植进去。
2. 最后在土和花盆的缝隙中继续加土，固定。

线条形设计

把植物排成一条直线，通过线条给人一种现代感的插花方法。
所有植物都按一条直线插成同一高度，除了展现出冷酷的美感还表现出绘画般线条之妙。
建议选择枝茎厚实、叶片宽大的植物，插花时能更稳定，植物根数少一些为佳。
叶片丰富的线条表现出静寂的一刻。

所需材料和工具

- 木贼
- 蒲苇
- 鸢尾
- 三色堇
- 剪刀
- 容器

要点 | POINT

1. 在容器里放入数根叶片（这里使用的是木贼、蒲苇、鸢尾），剪切整齐。
2. 以最开始放入的叶片的高度为基准来剪。要点在于，不是事先将叶片剪成同一高度，而是放入容器之后再剪成相同的高度。这样能确保高度一致。
3. 最后将三色堇作为装饰插进去，将蒲苇折弯作为边框。

偶然的设计

无意之间将柔软细长的芒草编起来，竟然变成了鸟巢的形状。
再将其作为容器，放入一些干燥的乌桕果实，产生了一种轻柔愉悦的艺术效果。

所需材料和工具

- 芒草
- 乌桕

要点 | POINT

1．芒草分三股编，互相交织做出鸟巢的形状。
2．没有既定的样子，只是随意地编，这样随性地创作也是一种乐趣。

卷成漩涡状

只需将一片长叶紧紧地卷起来，然后装进容器中，
仅此而已，
便会卷出这样有趣的形状。
巢蕨叶片两侧具有的波浪感，
卷好后变得像玫瑰花瓣一样可爱。
虽然只用叶片，但也能带来惊喜。

所需材料和工具

- 巢蕨
- 容器

要点 | POINT

1. 为了不让巢蕨叶之间有空隙，尽量卷得紧一些。
2. 卷好后的大小要与容器恰好吻合。
3. 除了巢蕨，也可以用其他柔软、细长的叶材来制作。

卷成漩涡状（大卷版）

只是将叶子卷起来作为装饰而已，既简单又美观。
如果使用直径较大的容器，则会变成更加华美的绿色艺术品。
在容器与植物之间塞满石子，又能产生一种简朴、娴静的和谐感。
不同材料间出神入化地配合，也是一种更加成熟的叶材装饰。

所需材料和工具

- 巢蕨
- 石子
- 玻璃容器

制作方法 | HOW TO MAKE

首先在玻璃容器中放入石子做底。然后将巢蕨沿着容器的边缘从外侧放入，让叶子稍微高出容器边缘一点。

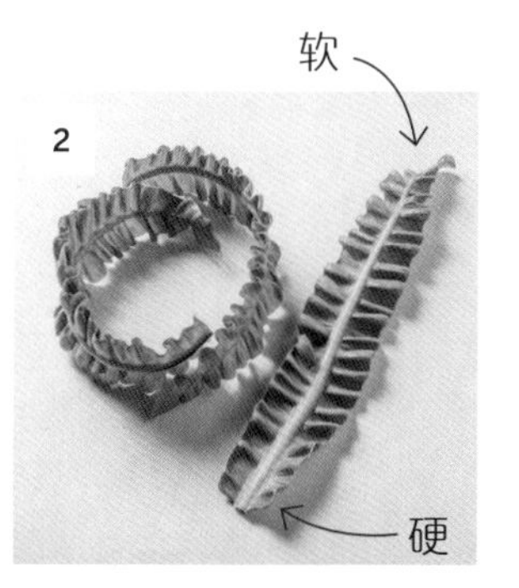

巢蕨叶尖端柔软，茎部坚硬，放入容器中时要将尖端和茎部叠放在一起。这样才能更好地贴合在一起。

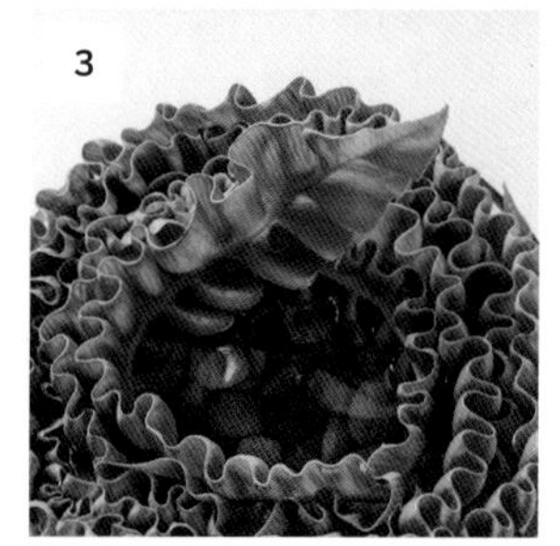

继续叠放叶子，直到看不到石子为止。

卷成漩涡状（小卷版）

虽然只需将巢蕨卷一卷就可以了，
但也可以再下点功夫，展现出叶的动感和姿态。
葱属“斯内克球”仿佛从巢蕨的中心蠢蠢地游出来似的，纤细而有动感。巢蕨不仅是装饰，更是插花的支点。
也可以用其他的花材，挑自己喜欢的试试吧。

所需材料和工具

- 巢蕨
- 葱属“斯内克球”
- 容器

要点｜POINT

1．要先将巢蕨卷好再放入容器中，这样成品会更完美。
2．因为中心还要插别的花，所以卷的时候要考虑容器大小，还要想好留多大地方。
3．叶边稍稍高出容器边缘一些，这样更能给人一种活泼的感觉。
4．这是一种用自己珍藏的器皿来进行的、简单的插花方式。

鸟笼里的绿色

鸟笼中的并不是鸟，而是清新的绿色植物。
在古朴的鸟笼中，放入娇艳的迷迭香、
充满活力的多肉植物以及青苔等绿色植物，
形成强烈的视觉对比。不论摆在桌上还是挂起来都很有韵味。
喜欢老式材料的人不妨试试。

所需材料和工具

- 迷迭香
- 多肉植物
- 翡翠珠
- 青苔
- 鸟笼

要点 | POINT

1．先在鸟笼底铺少许土，再在土上铺一些青苔。之后把多肉植物和插在小瓶里的迷迭香摆好。

2．小瓶只要加水就可以插花，既美观又实用。小叶子长高之后，就能在鸟笼中脱颖而出。

Dörfler
Roselt
Heil-
pflanzen
gestern
und
heute
Steingart

书架上的绿意

只是在普通的玻璃花瓶里插上叶子而已，却更能凸显植物水灵灵的感觉，
这是因为我们没有刻意地纠结怎么插花，而是将植物原有的姿态展示了出来。
盆栽的叶子、庭院里种的植物、路边的杂草都可以。
只要房间中有些许绿色，便会给人带来平静与安稳。

所需材料和工具

- 天竺葵
- 粉藤（五叶白粉藤）
- 薄荷
- 铁线蕨
- 玻璃瓶

要点 | POINT

1．这种毫无装饰的玻璃花瓶不论与什么植物都能搭配，是个宝贝。
2．尽量挑选重心稳一些的、不会一碰就倒就摔碎的玻璃瓶。
3．用玻璃容器的话，水变脏了就会特别明显，所以要记得每天换水。
4．每天看到这些绿叶，就连那些琐碎、无趣的工作也会渐渐地喜欢起来。

4

加工成艺术品

不是简单地将叶子往某个地方一摆就行，而是以叶子为原材料制作成艺术品。植物特有的造型，连细节都很美，用纸或是塑料都无法替代。在保持叶子原有姿态的基础上重新构造出只属于叶的细节美。埋头制作也行，休闲时间边喝咖啡边干也可。摸着凉凉的、潮湿的、散发着生命气息的叶片，有无与伦比的感觉。

空中飞舞的植物

空气凤梨不用土就能养，人气极高。可以用金属丝悬挂起来，让其自然垂下。
每当有人走过或是有风吹过就会轻轻摇动，非常适合咖啡厅或是客厅这种悠闲的地方。
欣赏着这些轻轻摇动的植物发发呆，也别有一番风味。

所需材料和工具

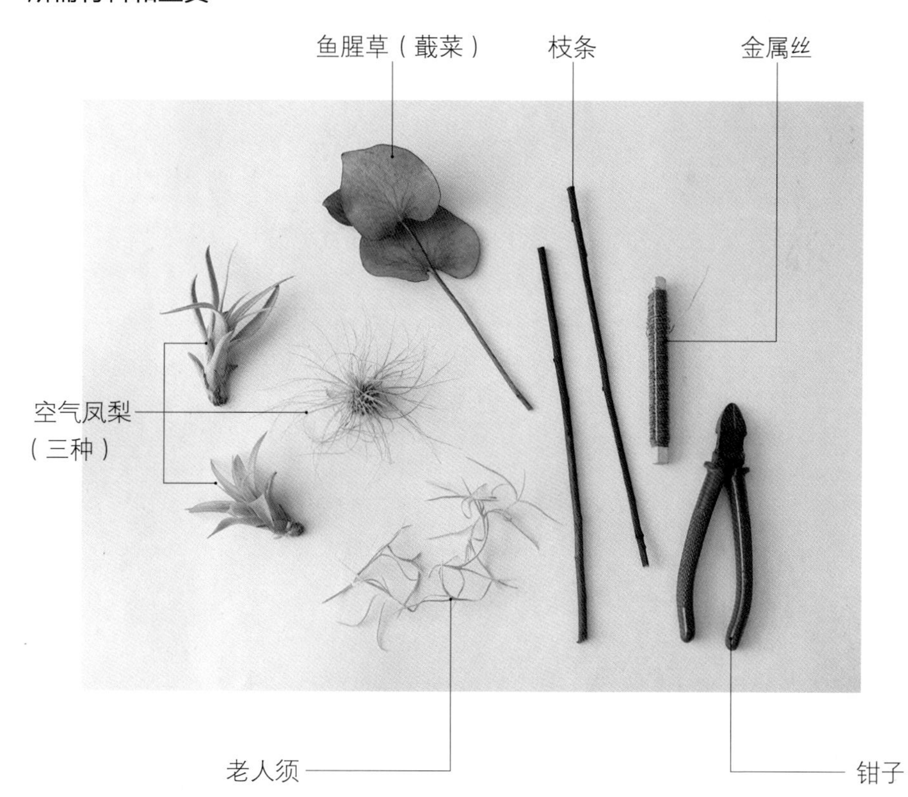

制作方法 | HOW TO MAKE

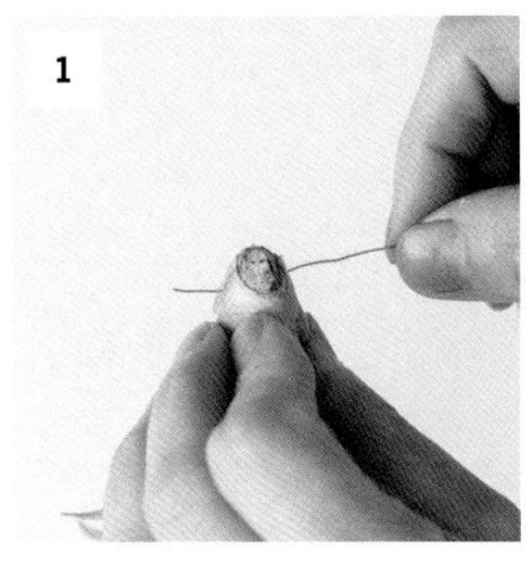

将金属丝穿过空气凤梨的根部。这里使用的是金色的轻质金属丝。

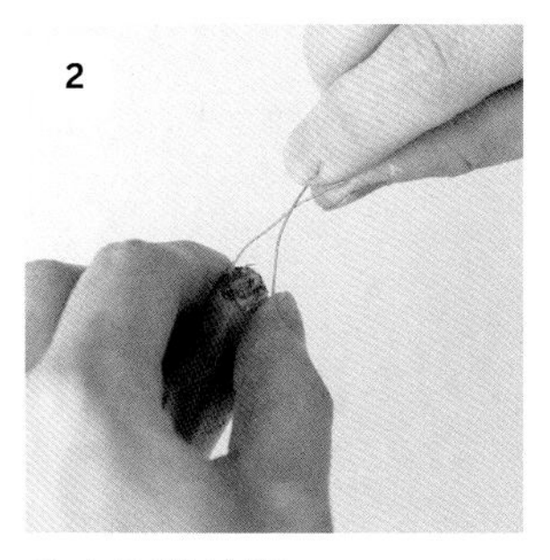

将金属丝拧紧。

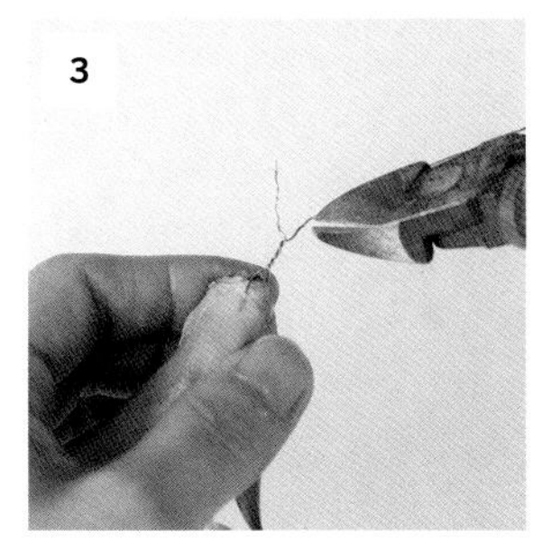

拧好后用钳子将多余部分剪掉。

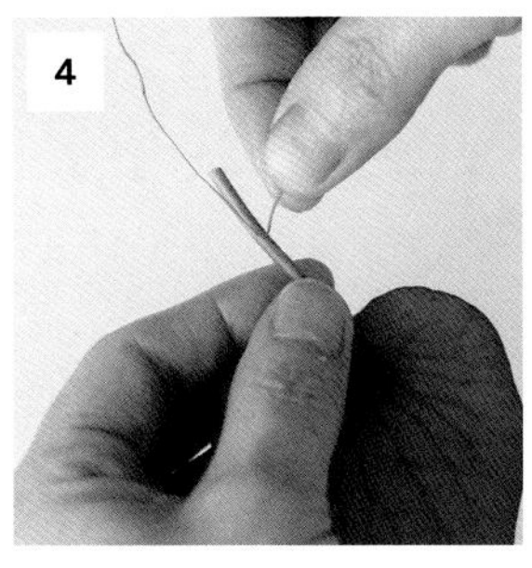

鱼腥草的茎只保留 2~3 厘米，其余的都剪掉，在距茎根部约 1 厘米的地方用金属丝别出一个标记。

左手手指压住标记的同时，用右手将金属丝不停地卷上去，卷紧一些以防脱落。

卷完后用钳子剪掉多余部分。因为叶子缺水干燥后体积会缩小，所以一定要卷紧以防止脱落，不放心的话可以用黏合剂加固。

用同样的方法处理其余植物。金属丝的长度随意。

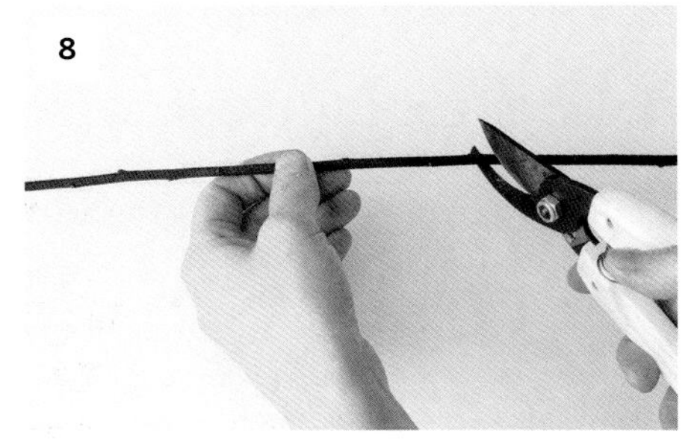

将枝条剪成 10~20 厘米长的小节（依据个人喜好）。也可以用竹签替代枝条。

将金属丝缠几圈后紧拧在枝条上。

枝条两端各卷一个。用钳子剪掉多余的金属丝。

重复第 10 步，再用金属丝将每个部分连在一起。

从下往上连接更轻松一些。连接完成后再四处缠上老人须，就大功告成了。

要点 | POINT

1．最后的连接步骤，缠金属丝时可缠得松一些，以便完成后还能滑动枝条进行微调。
2．要保持整体平衡是个难题，可以在主体完成之后用老人须来调节。

JAPY
10 30
JAPY
10 35

不可思议的叶子画

颜色、形状以及叶脉的美感——这些叶子所具备的魅力，如绘画点缀生活一样，也值得细细品味。或深或浅的绿、绿中泛出的红、叶的光泽、厚实的质感，平时不曾注意到的这些叶子所具有的特点都跃然纸上。而且只需用“贴”这一个技巧而已，容易上手。叶片枯萎了或是褪色了也不必担忧，这也是值得欣赏的一点。还可以用你喜欢的其他种类的叶子来试一试。

所需材料和工具

制作方法 | HOW TO MAKE

把相框中的衬纸拿出来。先将相框喷涂为金色，然后再涂上仿锈漆，做出一种锈蚀感。

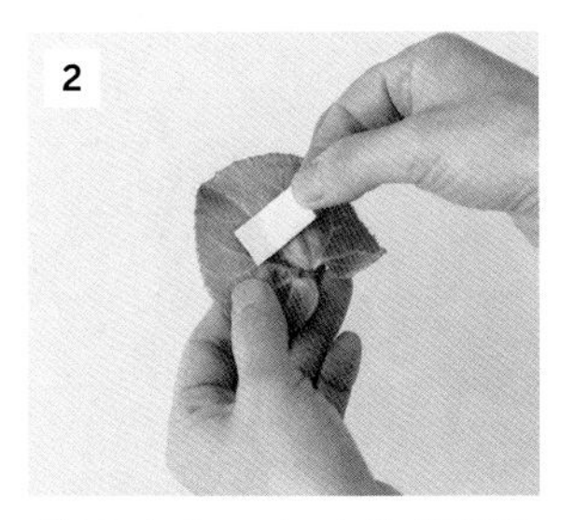

剪掉叶茎，在叶的背面贴上双面胶。

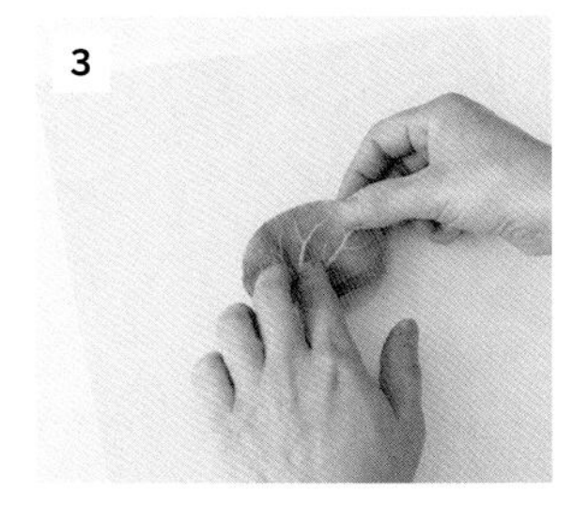

撕掉双面胶的衬纸，将叶片贴在相框衬纸的正中央。

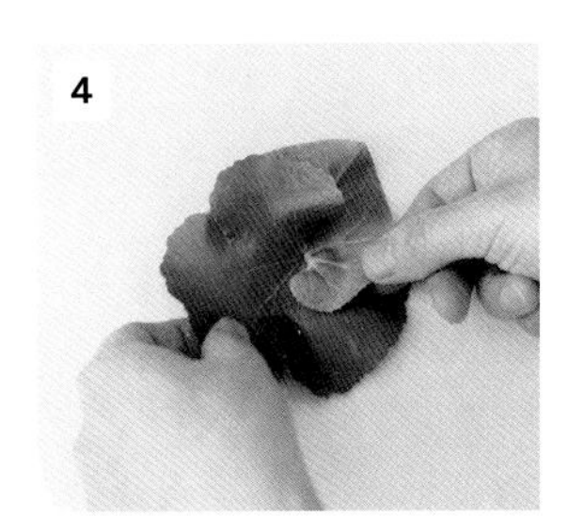

再用双面胶贴下一片叶子。除了展示叶片的正面之外，故意将叶子的背面朝上也不错!

为了不露出衬纸，贴的时候要把叶片从其他叶片下面插入或是挤进它们的夹缝中间，这样不留缝隙地贴可以使成品更加完美。

随意点缀上老人须、糙叶卷柏、罗汉柏等细长灵动的植物，夹在其他叶片之间即可。

细心、反复地确认会不会看到衬纸，还有整体的平衡感。

确认好了之后盖上相框，扣好金属卡子就完成了。

要点 | POINT

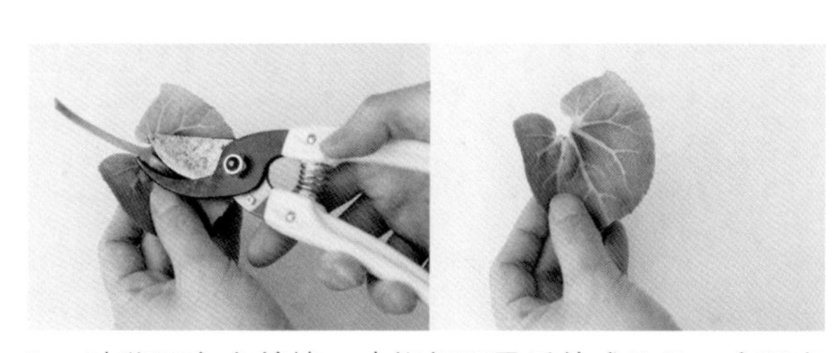

1. 叶茎要完全剪掉，才能保证最后的成品是一个漂亮的平面。剪得不好的话，最后的成品就会凹凸不平。
2. 挑选那种衬纸和表面玻璃之间有一定距离的相框。这样的结构更能产生立体感（第 72 页右侧示例）。
3. 希望成品像绘画一样的话，就得仔细挑选贴在表面的植物。还应根据成品的效果来挑选适合的相框。

素雅的古典壁饰

将干枯、褪色后的植物捆扎起来做成壁饰。
色调从绿色变成米色甚至棕色，与古董是最佳搭配。
饰品本身很轻，可随意摆放在任何地方。即使作为礼品送人也不难看，应用范围很宽的。
实际制作时，做得再大一些也无妨。

所需材料和工具

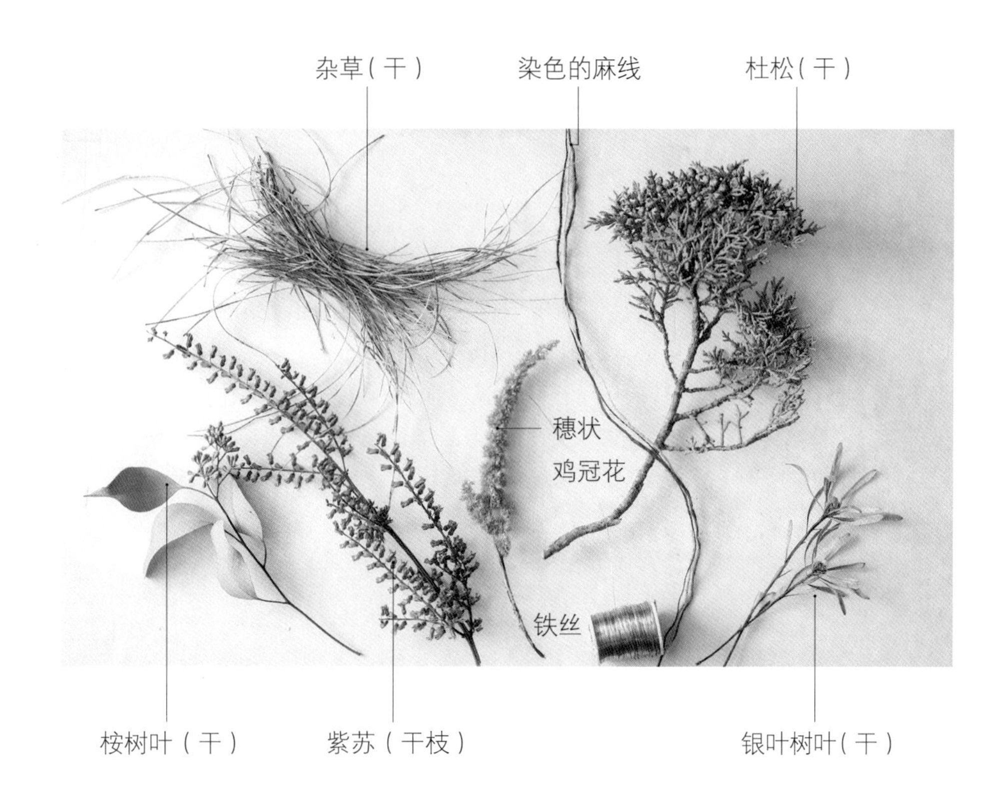

制作方法 | HOW TO MAKE

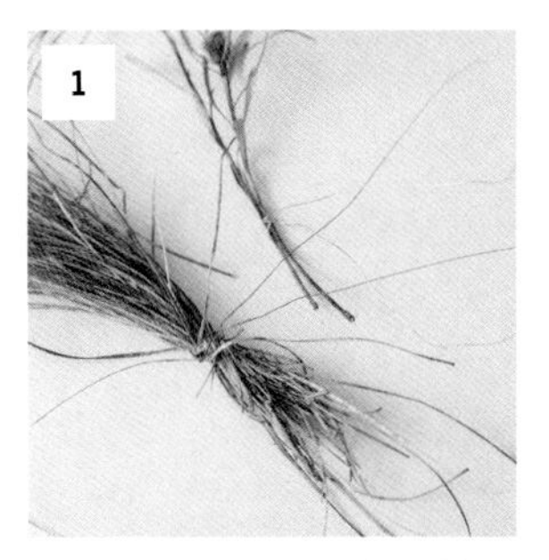

先用铁丝把细碎的杂草等分别捆好。用铁丝缠几圈，拧上即可。

有体量的材料要分剪成几个部分来使用。图中是分剪好的样子。

用铁丝捆成束。

背面用较为宽大的植物。这里使用的是杜松。

将捆成束的紫苏干枝放在杜松上，再用铁丝缠上、拧好。

再按照杂草、银叶树叶的顺序加入并用铁丝缠好。

再加入银叶树叶。先放长的，将易折断的植物叠加在结实的植物上就不用担心了。

用短而有体量的植物（这里使用的是桉树叶）将根部遮挡住。

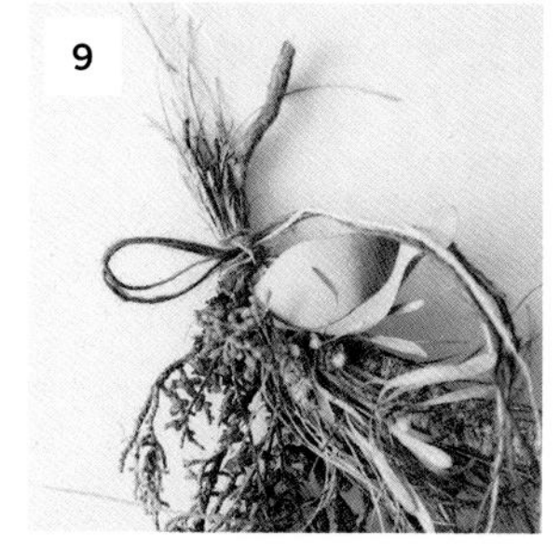

可以直接保留铁丝的样子，也可以再用麻线在铁丝表面缠一下。系半个蝴蝶结显得没那么幼稚，给人一种刚刚好的感觉。

干燥叶材容易折断，制作时要小心谨慎。

要点 | POINT

1. 缠好后不要剪断多余的铁丝，这样挂起来装饰时能更方便一些。
2. 用铁丝捆扎叶材时（第一步）要集中捆一个地方，不错位是做出好看的作品的诀窍。

落叶千层派

将秋冬之际铺满街道的落叶捡起、收集起来，再重新塑造出的作品。
枝条也同样是自然掉落的，不用其他东西，原汁原味的，就仿佛是一棵小树一般。圣诞节时再加一些发光的物品，瞬间变身成圣诞树。

所需材料和工具

- 落叶
- 树枝

要点 | POINT

1. 树枝的尖要细一点的，穿叶子的时候更轻松。
2. 在叶片彻底干枯之前穿好，穿好后只需放一放就会自然干枯。
3. 不论横竖，摆放效果都很好。

干花标本

即使植物枯萎了也能继续欣赏它的美。
形式上与昆虫标本相似，能向我们展示出生命的样貌。
食虫植物瓶子草血管一样的外观，带球根的郁金香的形态，都充满神秘感，让人想要永久保存。

所需材料和工具

- 带球根的郁金香（干）
- 瓶子草（干）
- 木板
- 钉子（或是金属卡子）

要点 | POINT

1. 制作方法非常简单，只是用钉子或是金属卡子将干花固定在木板上而已。
2. 用蘸醋的方式将钉子故意做旧，这样就会有古董的感觉。可以直接立起来作为装饰，也可以钻个小洞、穿上麻线。

绿色几何框架

多重四方形绿色框架，仿佛要将人吸进去一样的几何学设计，非常吸引眼球。
这个四方形框架有什么用呢？
留出空间，将景色框起来也行，
放上自己喜欢的空气凤梨或小物件也行，
还可以放上充满回忆的照片或明信片。
这是一个可自由发挥和利用的框架。

所需材料和工具

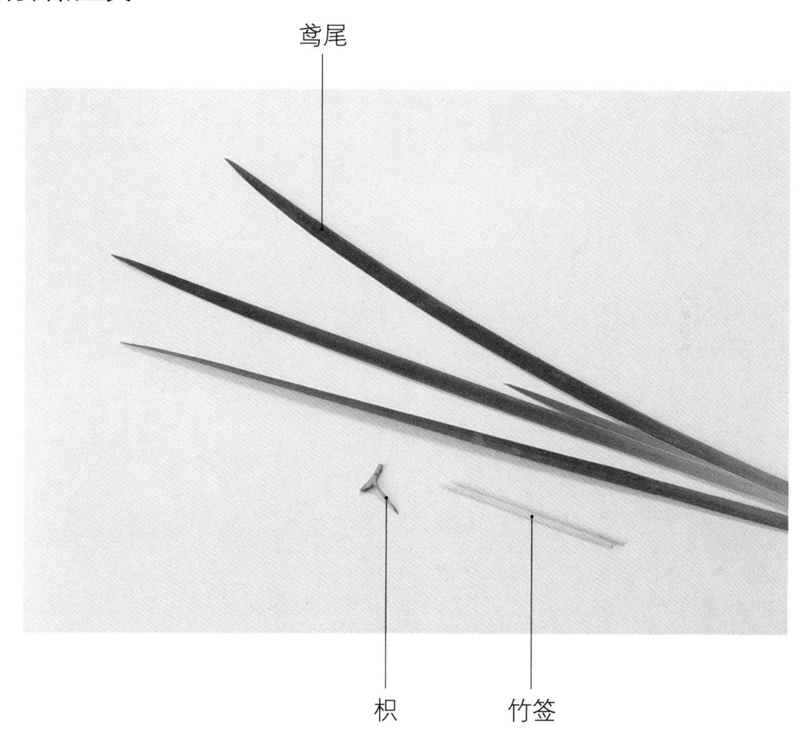

※ 以下物品可依照个人喜好选择
- 空气凤梨“美杜莎”
- 金属线

制作方法 | HOW TO MAKE

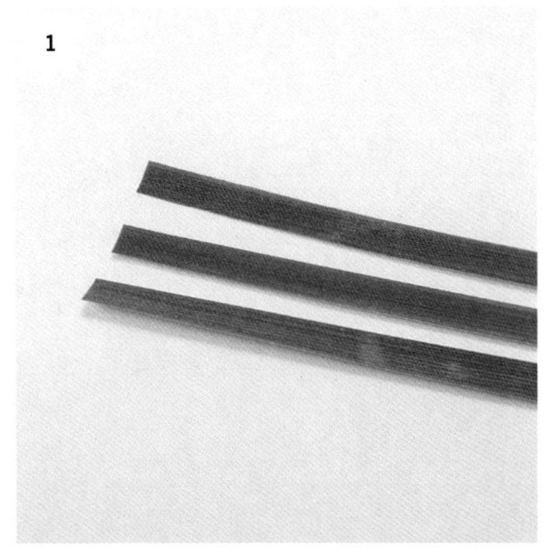

将鸢尾一根根分开，剪掉叶尖并摆放整齐。

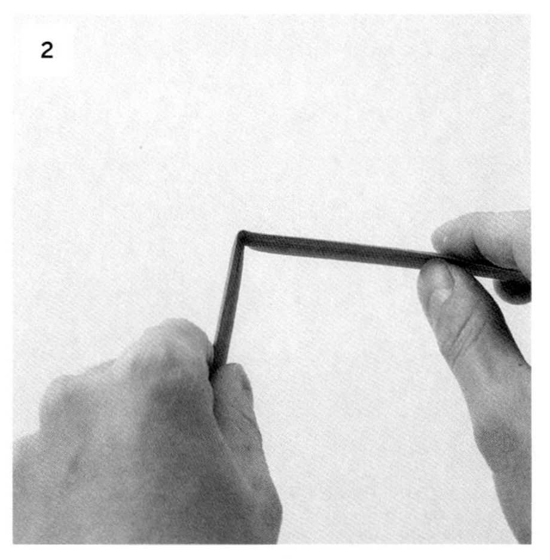

折出框架的形状。在做大框架的时候，一根不够折一圈，需要一边接一边折框架。

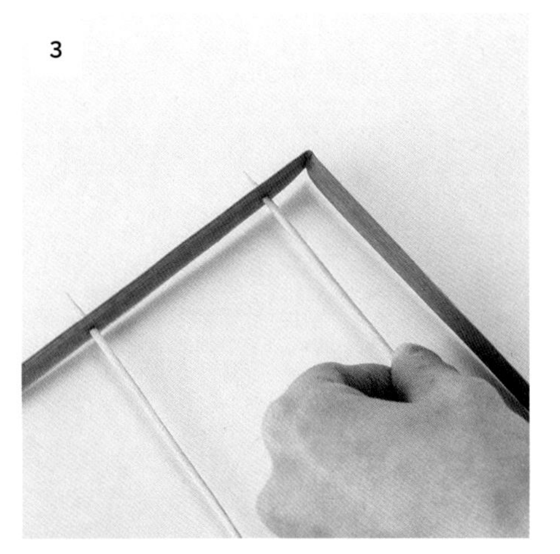

在折好的鸢尾的一条边上，扎入两根竹签。让竹签尖露出 1 厘米左右。

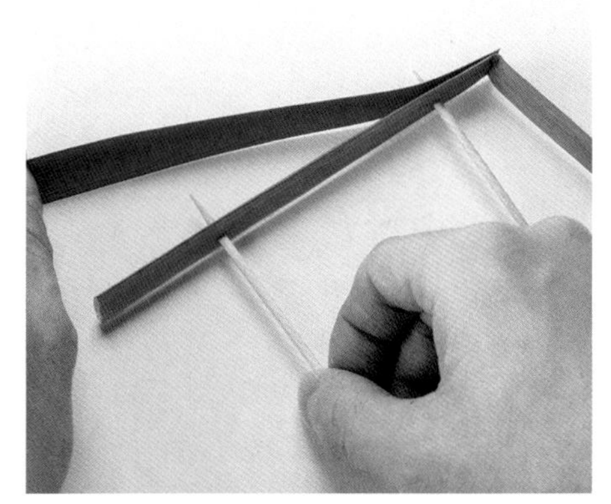

接上第二根鸢尾。折的位置与第二根的头对齐，一边穿竹签一边制作框架。

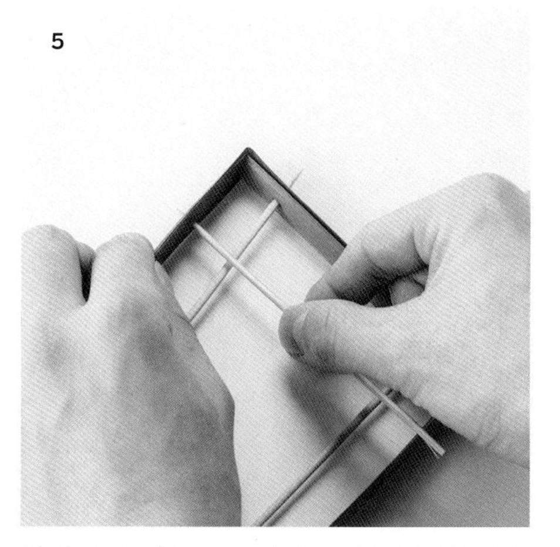

5

叶片重叠的地方用竹签固定好后再继续进行下一步。

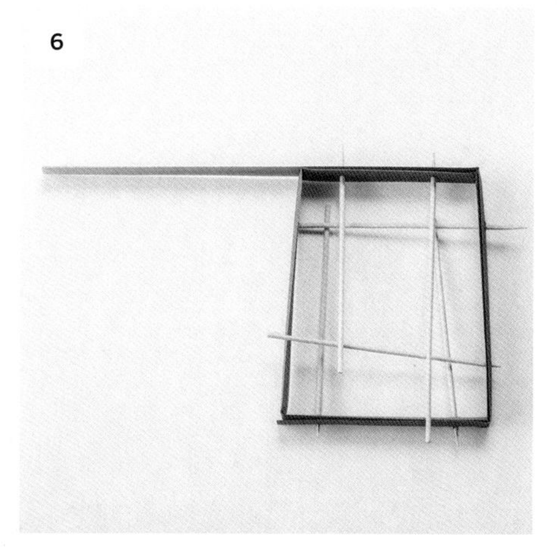

6

每条边都穿两根竹签，保持好平衡。

7

框架达到预期的厚度之后，剪掉多余的竹签（上下都剪）。

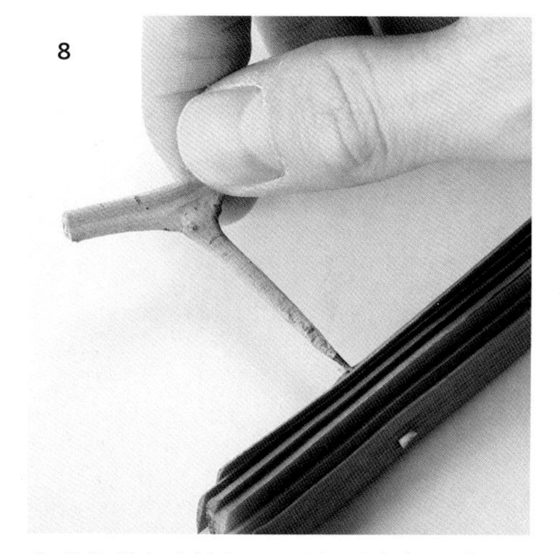

8

将剪短的枳刺刺入，再加以点缀，完工！

要点 | POINT

1．可根据个人喜好来装饰框架。
2．示例中的空气凤梨美杜莎是用木工黏合剂黏上去的。
3．用金属丝悬挂起来时要配合作品的风格，善用弯曲的线条。

绿色壁饰

摹仿大自然的景象，用普通材料捆扎而成的壁饰。
形态自然，让人无论如何都想装饰在自己的房间里。
壁饰中，花环的圣诞气息较浓，而这个壁饰可以用当季的叶材来制作，从中感受四季的变换。
示例用的是春季的含羞草。推荐使用桉树枝、薰衣草等散发香气的植物，也可以用干燥花。

所需材料和工具

- 含羞草
- 从盆栽上剪下的绿叶
- 麻线
- 麻布（缎带状）

制作方法 | HOW TO MAKE

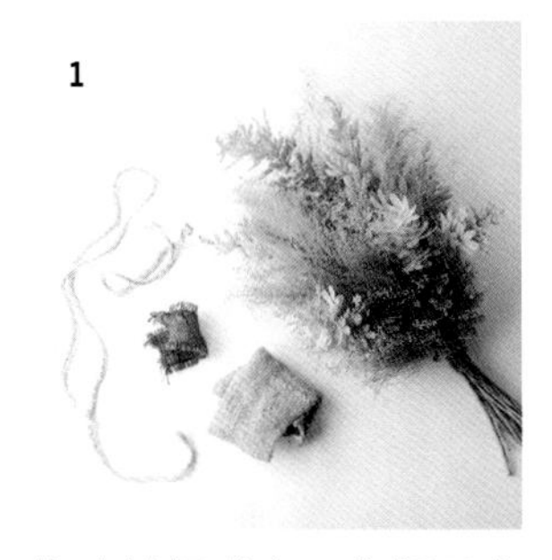

1 将叶材捆成束，茎部用麻线捆扎。

2 在麻线外面按照米黄色、绿色的顺序缠麻布，再用麻线将麻布系紧。

3 如果麻布太大了，应先叠成合适大小再卷，这样更好看一些。

箱笼式枯叶装饰品

像打包一样，用麻绳将树蓼的大叶子捆扎起来。
古代行李包似的样子和枯叶真的是绝配。
简单，不过分可爱，男性也可以用作室内装饰。淡然的样子，充分展现了叶的美，意味深长。
搭配的是同样已经干枯的桉树果实。

所需材料和工具

制作方法 | HOW TO MAKE

1

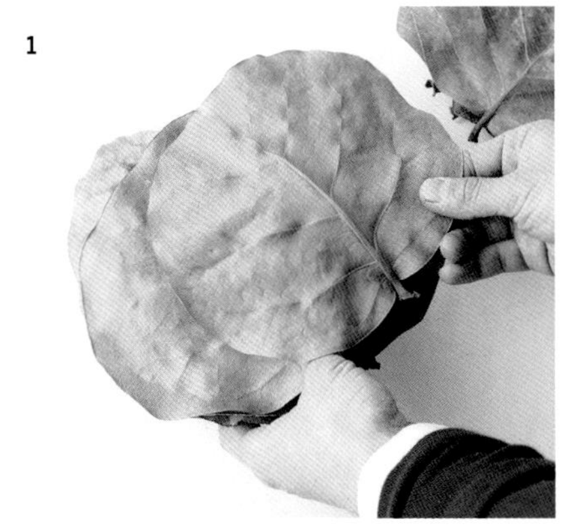

将大约 20 片树蓼叶叠放在一起。叠放时，要巧妙地错开茎部坚硬的部分，让叠完后的叶子厚度均匀，方便捆扎。

2

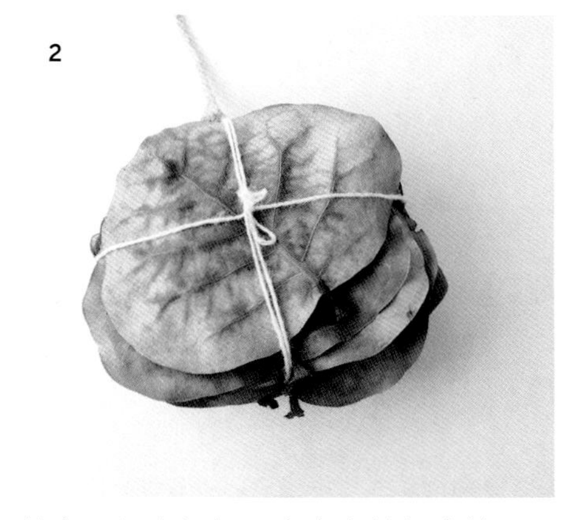

首先用细麻绳捆一个十字并打个结。干叶子很脆，注意不要太用力。

将悬挂用的粗麻绳系在细麻绳的结上面，线的长度随意。

也可以在叶子尚绿的时候捆扎，看着植物一点点干枯也是一种乐趣。再在上面系上粗麻绳就完成了。

要点 | POINT

1. 在麻绳的缝隙中插入古尼桉果实作为装饰。
2. 桉树枝可以挂在绳上的，不需要用黏合剂固定。不固定死，还可以根据自己的心情来替换调整。

石松球

在日本，装饰在酿酒厂门前的杉玉，是新酒诞生的标志。
传统的杉玉真是用杉树枝做成的球状装饰。而下面介绍的是一种更简单的制作方法。
只需将乱蓬蓬的石松叶插入到网中就行，十分简单。
杯酒对石松，也别有一番滋味。

所需材料和工具

制作方法 | HOW TO MAKE

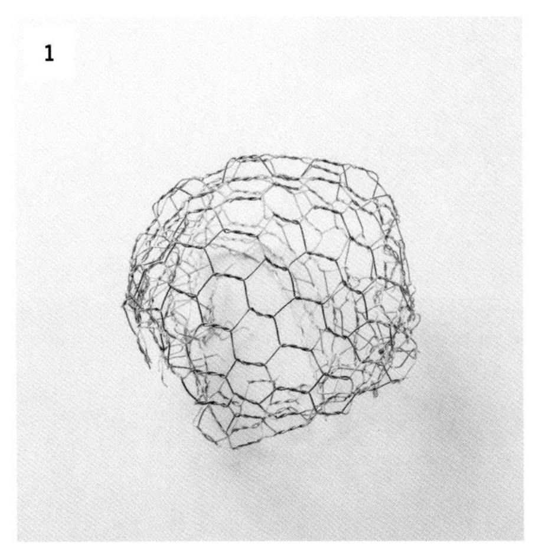

1

将网窝成球形，大小约为成品的一半。这种网可以在超市或网店中买到。

2

将石松都剪成同样的长度，插进去。

插满石松后，就会自然形成一个球形。石松的枝条能挂在网上，没必要再用黏合剂固定。

将石松插满，不留缝隙，最后用剪刀修成完美的球形。

要点 | POINT

1. 为了防止石松茎部露出来影响美观，应事先将石松剪成球体直径的两倍长。
2. 插的时候要密一些，一是不会将网露在表面影响美观，二是让叶与叶之间能相互支撑，更加稳定。

5

用于穿戴

叶子其实比想象的更结实。叶子的颜色和形状，大自然赋予的美，即使与宝石相比也毫不逊色。用如此美丽的叶子制作成首饰，佩戴在身上，保证你一定是最引人注目的那一个。在轻松愉快的聚会上，会让你显得更潇洒。还可以作为礼物送给心上人。下面介绍在各种不同场合中都能大显身手的叶材佩饰创意。

仿羽毛帽子

苏铁的叶片形似羽毛，可以配在帽子上作为装饰。
仅有“羽毛”还略显单调，将叶与果实加上去，就变得洒脱了。
叶、果与衣服相辅相成，时尚感更上一层楼。
用叶子制成的“羽毛”帽子，大胆又新颖。
叶尖很硬，记得举止绅士一些，别伤到别人。

所需材料和工具

制作方法 | HOW TO MAKE

1

将别针别在苏铁树叶背面，暂时标出位置。

2

剪一段大概 10 厘米的花艺铁丝并弯成 U 字形，做两个。将其中的一个从叶片正面穿入第 1 步中别针一端标出的位置。

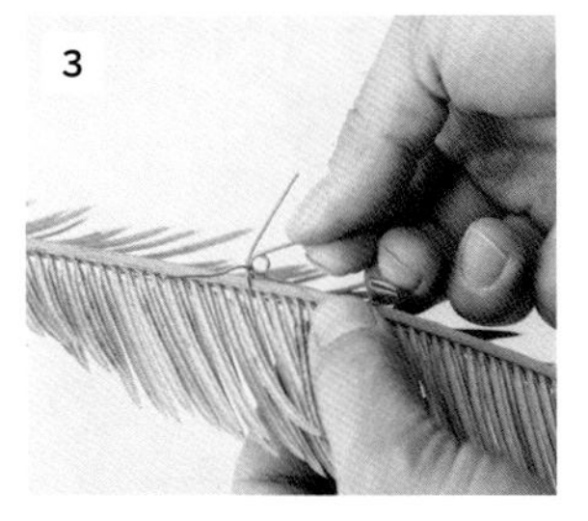
3

将穿好的铁丝拧紧，固定好。用钳子拧会更方便。

4

将另一个 U 字形铁丝从别针另一端标出的位置从正面穿入，拧紧，固定好。

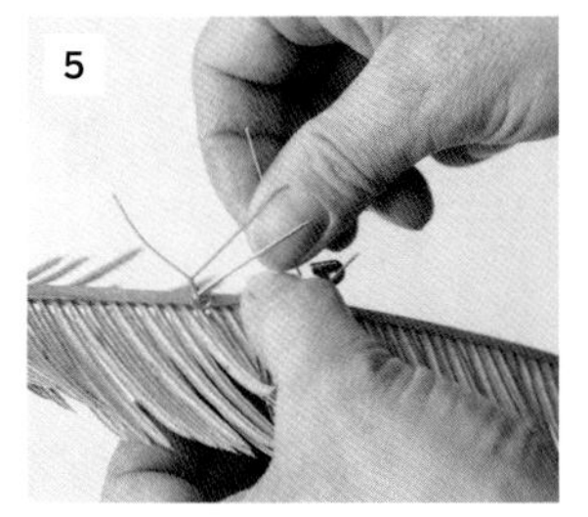
5

再用这两根铁丝将别针固定好，穿过别针的圆环并拧紧，固定好就可以。

6

固定好别针后，多余的铁丝弯到叶片正面。

将红叶浆果金丝桃与山栀子果实组合在一起。

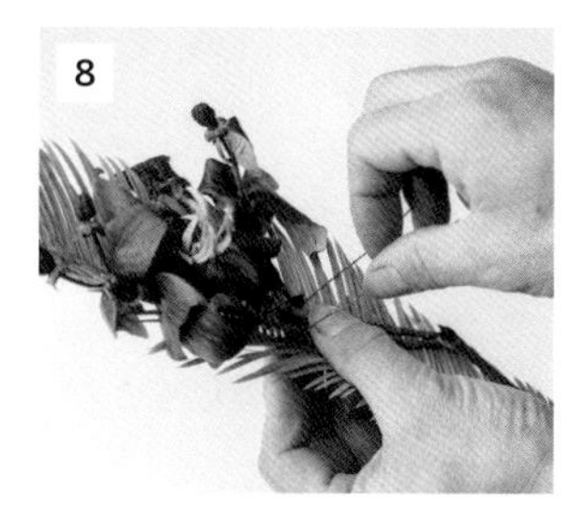

将它们放在苏铁树叶上面，用第6步中从背面弯到正面的铁丝缠好固定，缠紧一点以防脱落。

再将铁丝弯到苏铁树叶背面，拧紧并固定好。

剪掉多余的铁丝，将花艺铁丝朝前向内弯折，以免伤到帽子。

要点 | POINT

1. 这里使用的是快要干枯的红叶浆果金丝桃和山栀子果实。和完全干枯的相比，这样更加柔软，更好操作。
2. 示例中使用的是用绿色胶带缠好的花艺铁丝，实际上用什么种类的都可以。
   花艺铁丝可以在网上、花材店买到。
3. 需要的时候，直接别在帽子上就行了。

空气凤梨帽

利用老人须蓬乱的特点制作而成的帽子装饰。

这种沉静的灰绿色色调渐变，更能突出植物本身的形态。将绿叶和枯叶混合使用，表现出时间感。

利用简单的叶材制作出轻快的作品，既美观又实用。

所需材料和工具

制作方法 | HOW TO MAKE

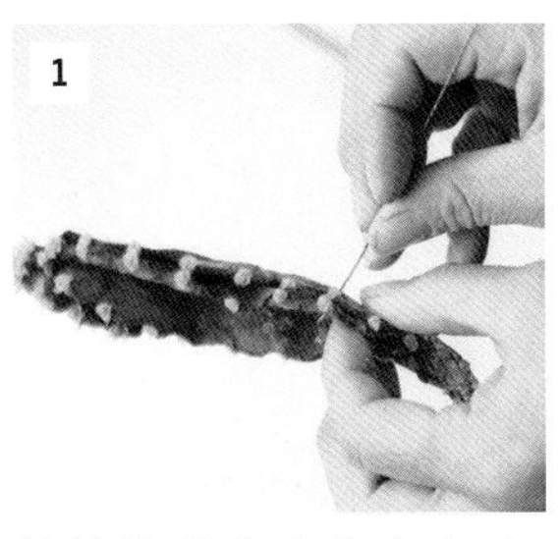

将铁丝从仙人掌中穿过。用 24 号铁丝比较好。

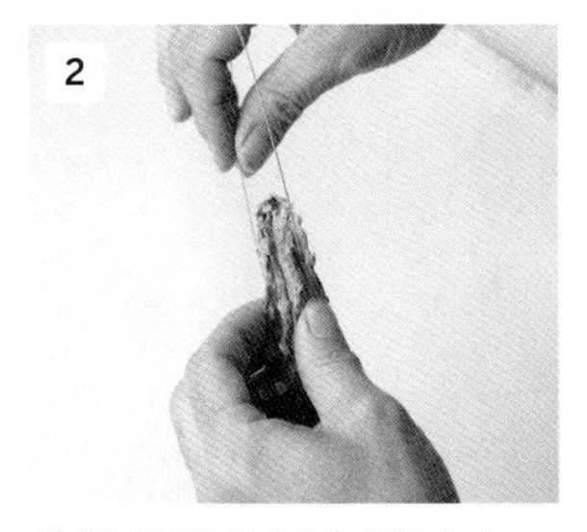

将铁丝两头都弯折过来。

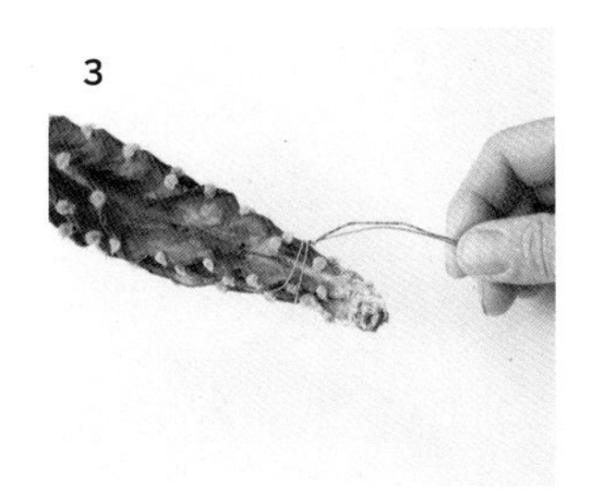

如图所示，将铁丝的一边缠在仙人掌上，这样就做好了一个部件。

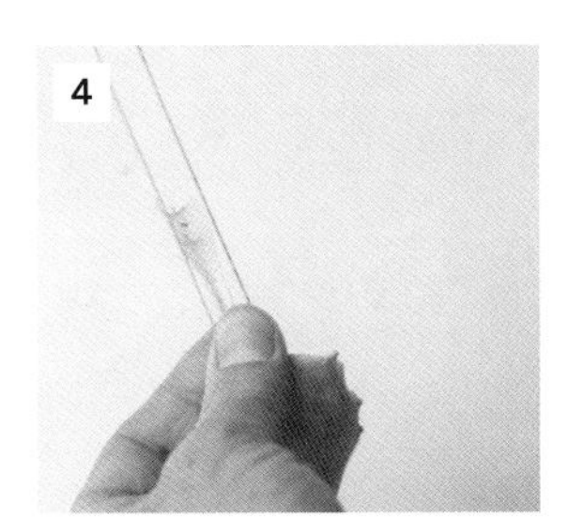

将铁丝变成 U 字形，将新月的茎放在 U 形铁丝的弯折处，用大拇指压住。

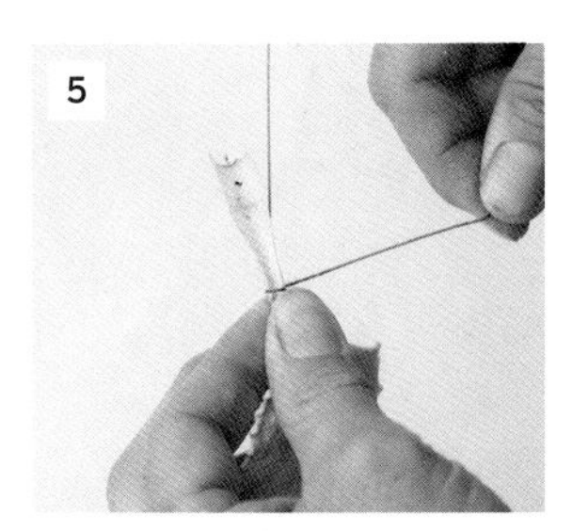

将铁丝的一边缠在新月的茎上，第二个部件就完成了。

用花环用线将老人须一端缠几圈，捆扎成束。

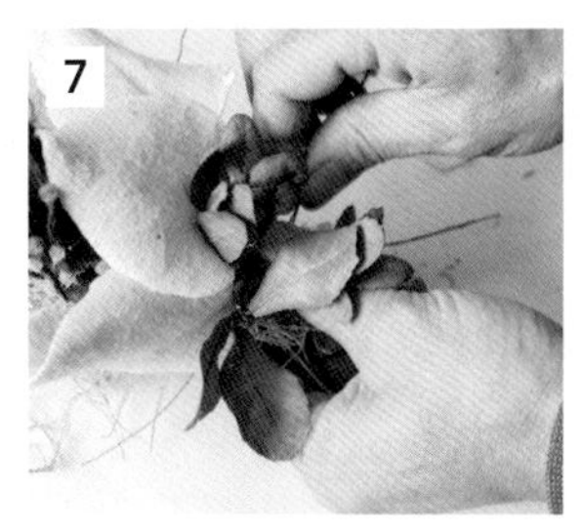

在第 4 步中缠铁丝的地方，按照从大到小的顺序，依次放上仙人掌、新月、盆栽的枝叶，并用花环用线缠好，固定住。

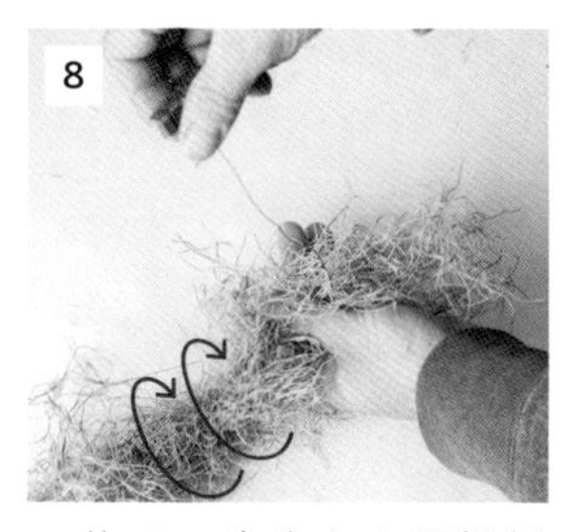

用花环用线将老人须松松地缠一缠，让老人须不至于散掉。

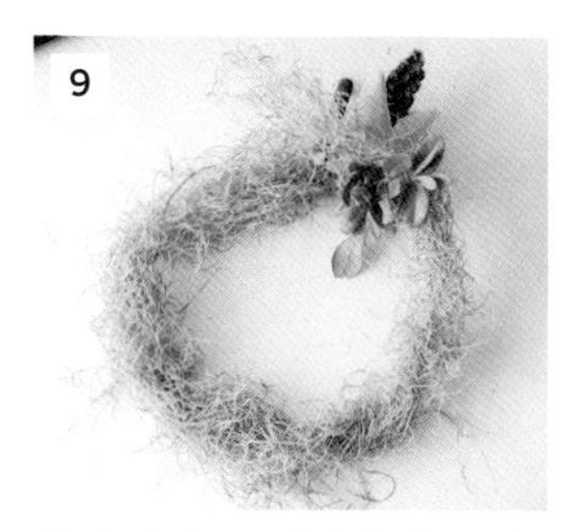

将老人须围成大概帽子大小的一圈。如果老人须不够长的话可用花环用线将其接起来。

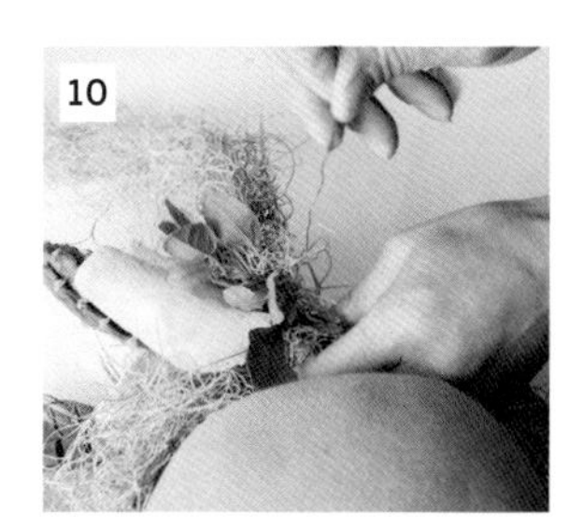

长度够了之后，套在帽子上，组装好。两端都用铁丝固定好。

要点 | POINT

这是个能看到铁丝的设计，所以使用生锈或是老化的铁丝更具怀旧风格，效果更好。还有，若铁丝太硬的话容易将叶材折断，所以最好使用柔软一些的铁丝。

装饰手帕

银杏叶到秋天会变成金黄色，让天空也随之明亮起来。
这种植物也被称为“活化石”，真是一种充满神秘感的树。
利用银杏叶的颜色，以及那如同褶边一般的形状很随意地插入口袋里。
在聚会时会是一个不错的装饰焦点。

所需材料和工具

制作方法 | HOW TO MAKE

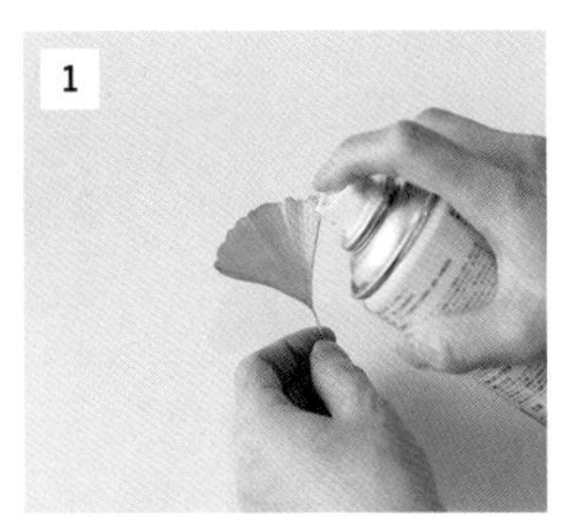

事先用金黄色喷雾将几片银杏叶喷成金黄色。

在每两片未喷色的银杏叶片中夹一片喷成金黄色的银杏叶。

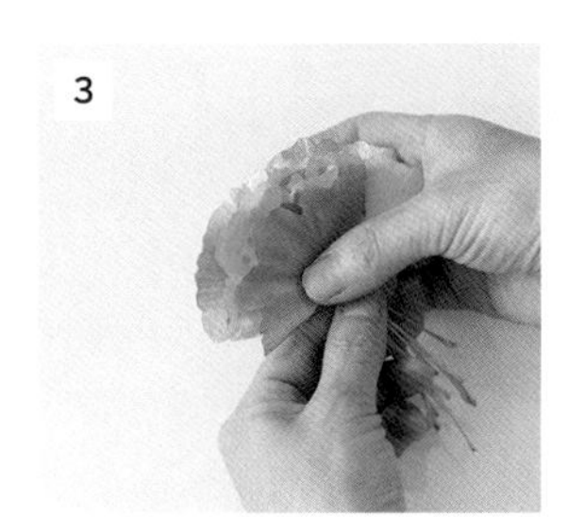

不用叠得很整齐，这样稍微散开错开一点，效果更好。

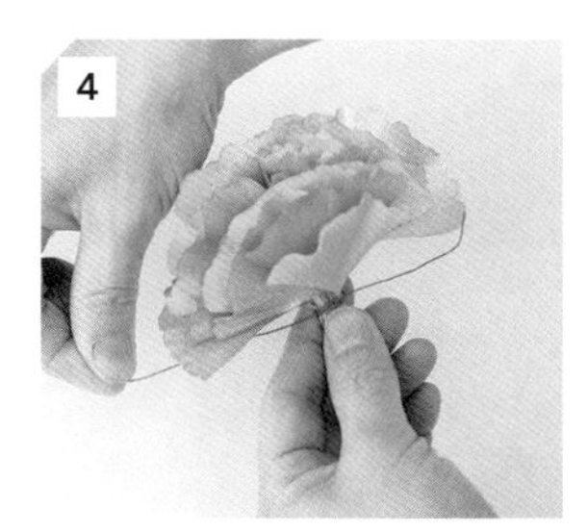

用铁丝在叶茎部缠几圈。也可以用橡皮筋。

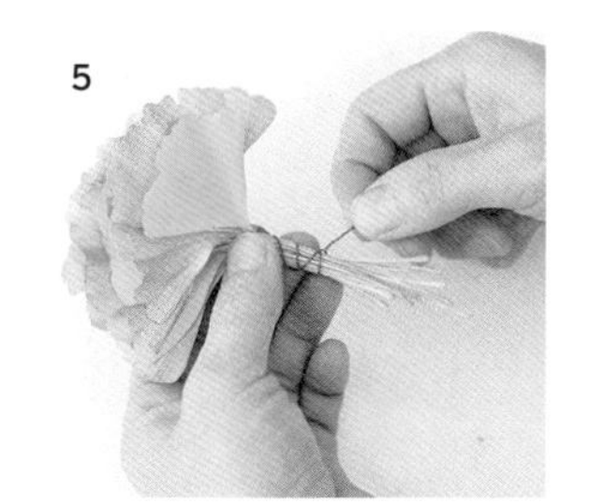

将铁丝向下缠卷，这样能将叶茎很好地收拢到一起。

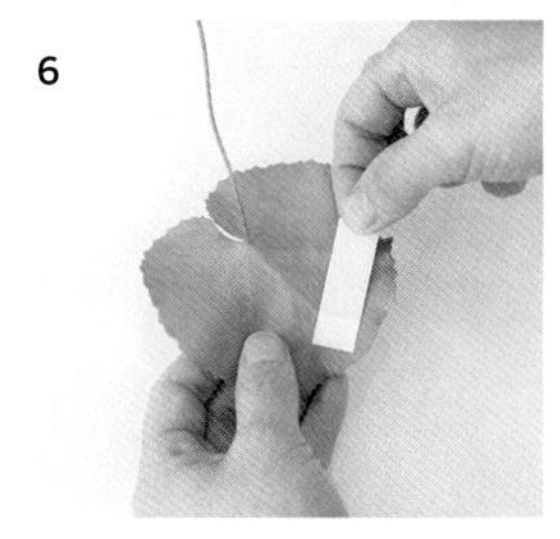

在加莱克斯草背面，在图中所示的位置贴上双面胶。

利用第 6 步的双面胶将加莱克斯草卷成一个小容器。

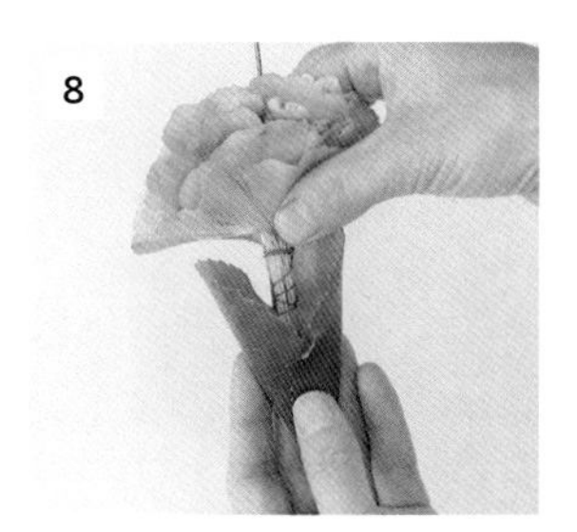

将缠好的银杏叶放进去。

剪掉加莱克斯草的叶茎，大功告成。

口袋里的藤蔓

在新婚答谢宴之类较为轻松的宴会上，这种妙趣横生的装饰能让会场气氛变得轻松愉快起来。胸前用动感十足的藤蔓作为装饰，一下子就具备了时尚感。这是一种可佩戴在身上的植物装饰品。

所需材料与工具

- 爱之蔓
- 皱叶草胡椒
- 铁丝
- 装饰胶带（或是花艺胶带）

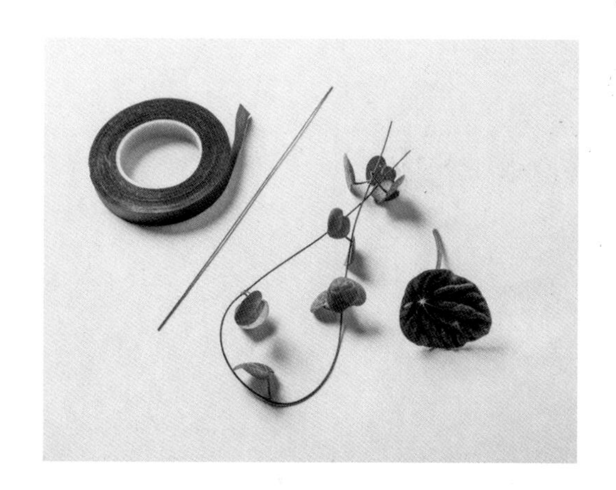

要点 | POINT

1. 先用胶带将皱叶草胡椒和铁丝绑在一起，将皱叶草胡椒的茎延长。然后再用胶带将皱叶草胡椒和爱之蔓绑在一起。
2. 用胶带缠住植物的切口可以防止弄脏衣服。
3. 选择质感较厚并带有银色的植物，会显得更帅气时尚。
4. 垂下的部分要保持爱之蔓的自然美。

藤蔓手环

用藤蔓缠成的手环，让手感觉到植物特有的潮湿、清凉和柔软。很适合与牛仔裤、衬衫搭配在一起。
在轻松愉快的普通聚会中，只需稍加修饰，就非常有存在感。
让人只需瞥上一眼就忍不住要问“这是什么?”。
由此开启聊天的话题。

所需材料和工具

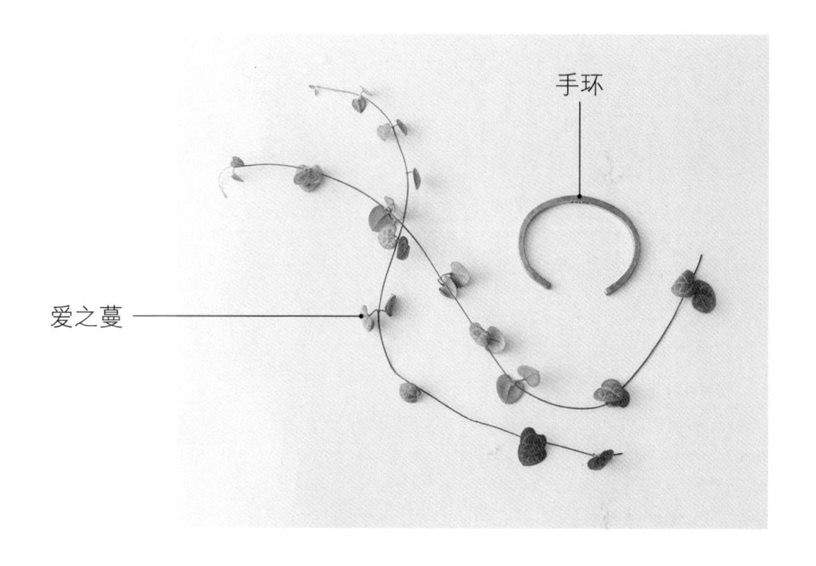

制作方法 | HOW TO MAKE

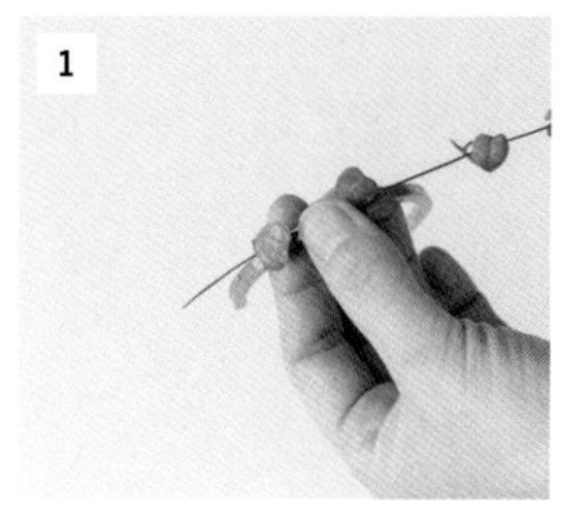

将爱之蔓的一端与手环一端对齐。

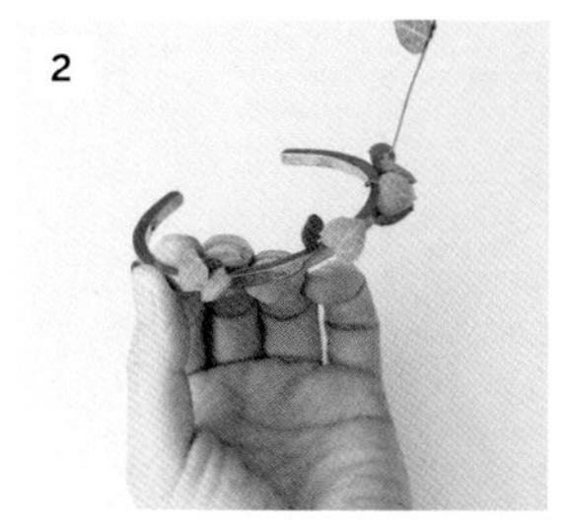

将爱之蔓一圈一圈缠到手环上。这里共缠了三根爱之蔓。

桉树的魔法

用香气极其轻微的大叶桉的叶片当主角，
搭配果实做成小饰品。
不论是别在帽子上还是别在领边上都很合适。
桉树所拥有的轻柔的香气，离人越近越能施展它的魔力。堪称散发着清香的叶中香水。

所需材料和工具

- 大叶桉
- 菝葜（bá qiā）果实
- 蓝桉果实
- 金色铁丝
- 领带夹
- 胸针底座

要点 | POINT

1. 用金色铁丝将桉树叶与小果实缠在一起。
2. 用双面胶将其中的一个粘在胸针底座上。
   另一个则用领带夹夹住，制作成那种可分离的样式。
3. 桉树有很多种类，挑自己喜欢的来做吧。

花边手镯

将圆圆的桉树叶做成蕾丝效果的手镯。
看起来像中世纪欧洲贵族脖子上的丝绸装饰——襞襟一样，有一种高贵气息。
桉树的香气也很舒服。放在房间里，还会起到植物香水的作用。
就这样放着变干以后也很有趣。

所需材料和工具

- 古尼桉
- 铁丝

要点 | POINT

1. 这里使用的是桉树种类中小叶片的古尼桉，完成后不至于尺寸过大。
2. 直接将铁丝扎入叶中，穿起来就行。
3. 手镯的搭扣用铁丝窝出来。

秋冬的手工织帽

身上穿戴之物一定要方便。
那么什么样的设计才能轻松穿戴在身上呢?
于是就有了这款方便日常穿戴的帽饰。
考虑到帽子多在秋冬时节使用，
选择了质感和颜色都稳重的银桦叶。
在一端搭配空气凤梨，
并点缀上如牡丹一般的桉树果实。

所需材料和工具

- 银桦
- 老人须
- 蓝桉果实
- 胶

要点 | POINT

1. 用银桦叶做底，用胶将其他植物粘在银桦叶上。
2. 粘的时候最好用热熔胶（在网店和手工店能买到），干得快，用起来更放心。
3. 在叶片背面装上别针或是胸针底座等配件。

6

自由发挥

以叶为主题，没有规则，自由发挥！

各位花艺大师玩心大发，用叶子制作出各种作品。从对干枯仙人掌的二次利用、用叶子包装礼物到只看到色彩的创意。这些独创性丰富的作品是不是也激发了大家的创作欲望呢?

复活的仙人掌

仙人掌不知不觉就枯萎了。
但是因为喜欢仙人掌，即使已经枯萎了也不忍心扔掉……下面这个方法便能解决这个问题。
把已经木质化并变硬的仙人掌做成容器，可一直陪伴在你的身边。
这个创意宛如复活的咒语，赋予了仙人掌新的生命。像一个业余木匠一样敲敲打打，制作过程也很有魅力。

所需材料和工具

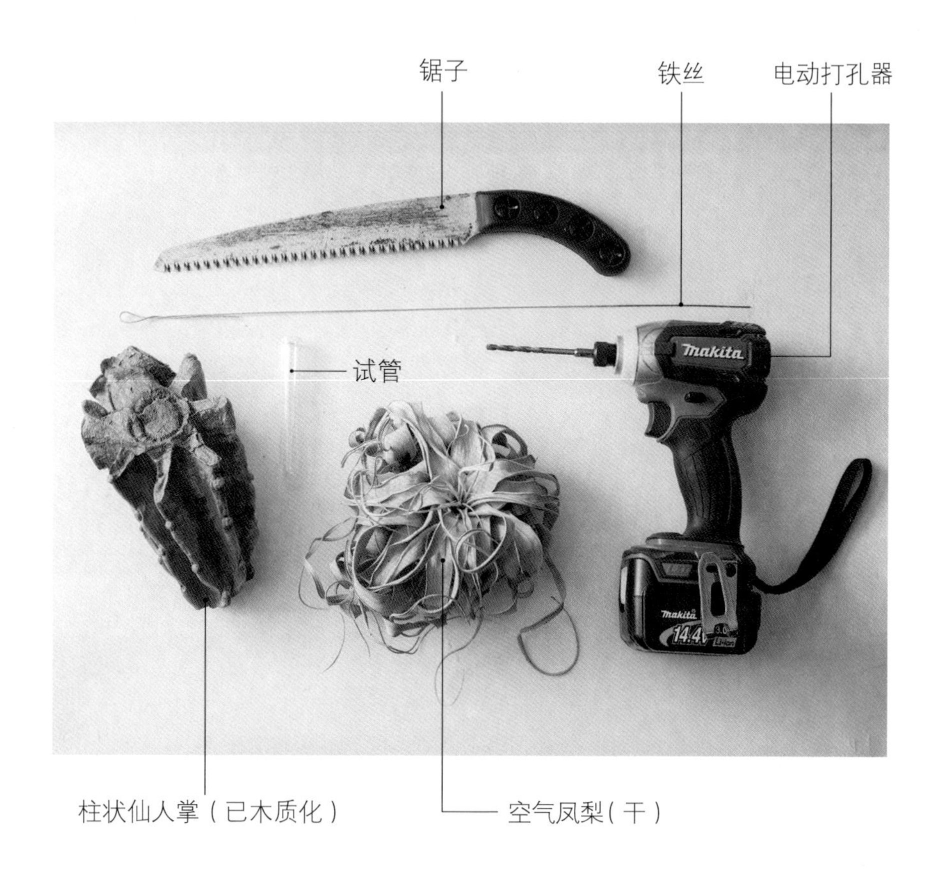

制作方法 | HOW TO MAKE

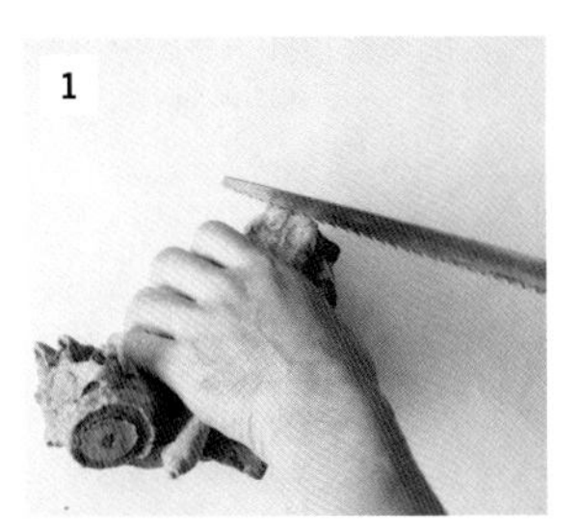

按照想要制作物品的大小，用锯子锯下一段已木质化的柱状仙人掌。木质化的仙人掌特别硬，切割时要注意安全。准备放桌上那一端的切口要尽量平一些，保证能立在桌面上。

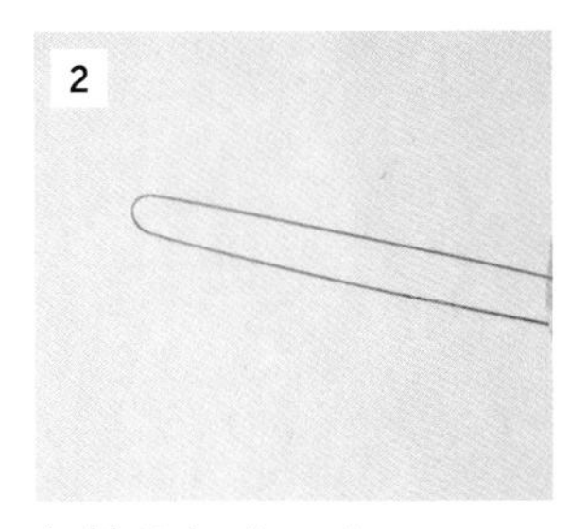

把铁丝弯成 U 形。

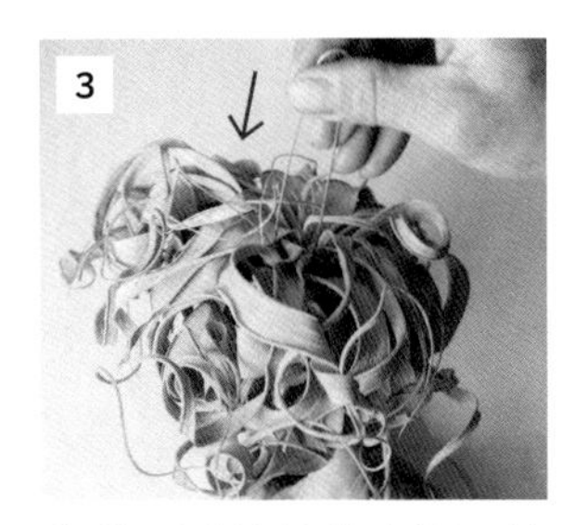

拿着 U 形铁丝的底部，从空气凤梨的底部穿进去。

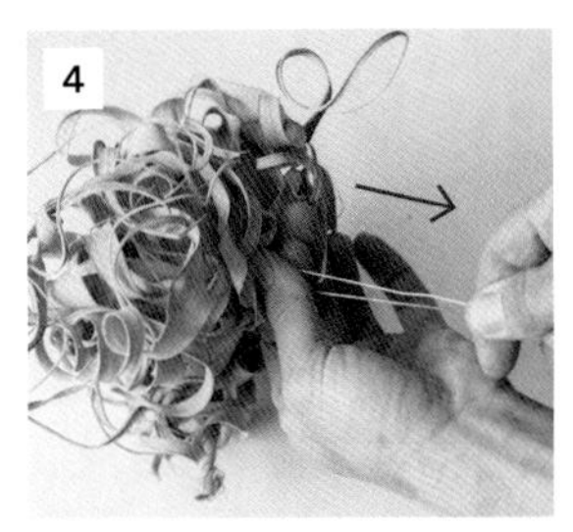

将 U 形铁丝从空气凤梨上面拉出来，拉紧，直至其底部与空气凤梨紧密相连。

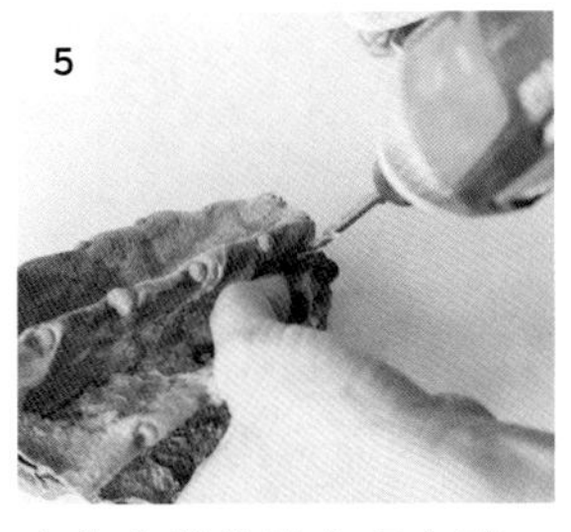

在仙人掌将放在桌上那一端，用电动打孔器在距离底面约 1 厘米的地方打一个孔。

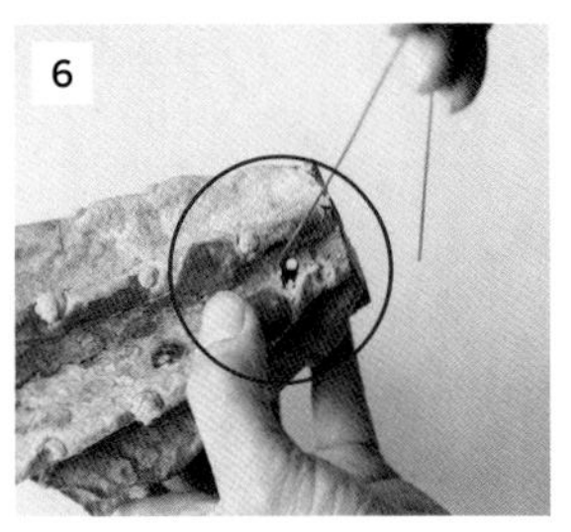

将第 4 步中穿过空气凤梨的铁丝的一边穿到刚打好的孔中。

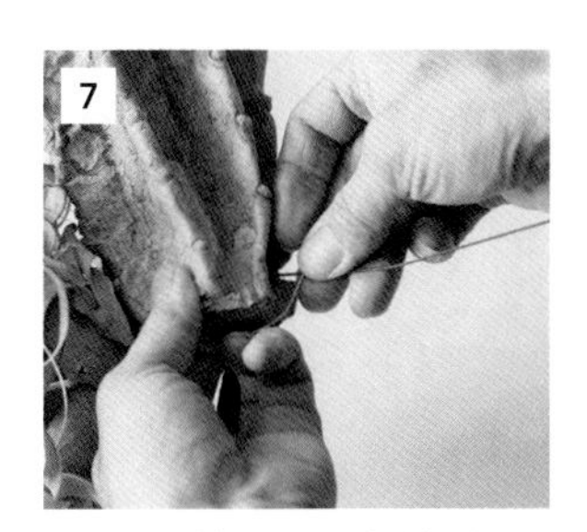

7

将U形铁丝两边拧在一起，使其固定。这样就将柱状仙人掌和空气凤梨连在了一起。

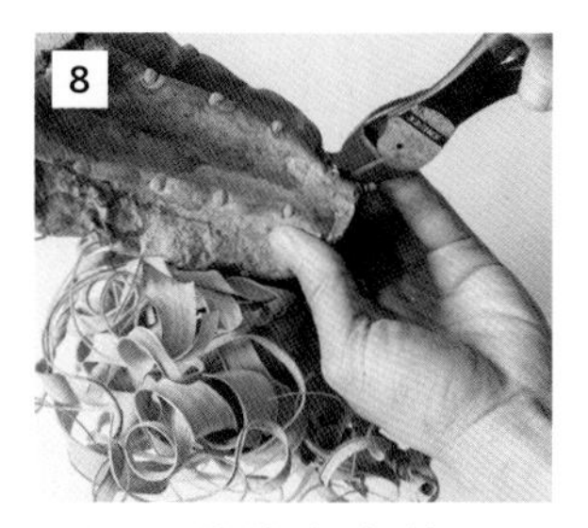

8

用钳子剪掉多余的U形铁丝。

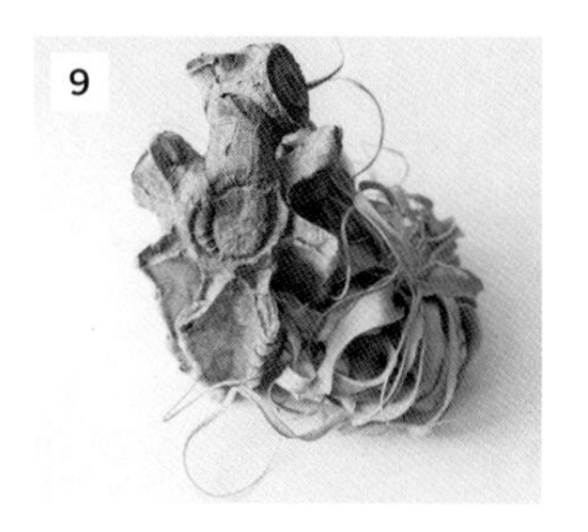

9

用双手整理一下，以防材料松散开。注意使其保持平衡，保证能够立在桌面上。

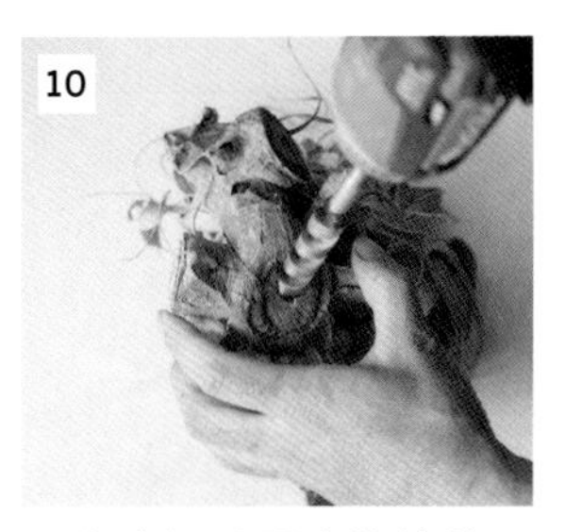

10

用电动打孔器在柱状仙人掌的上端打一个洞。这个洞将用来放试管，所以要大一点。

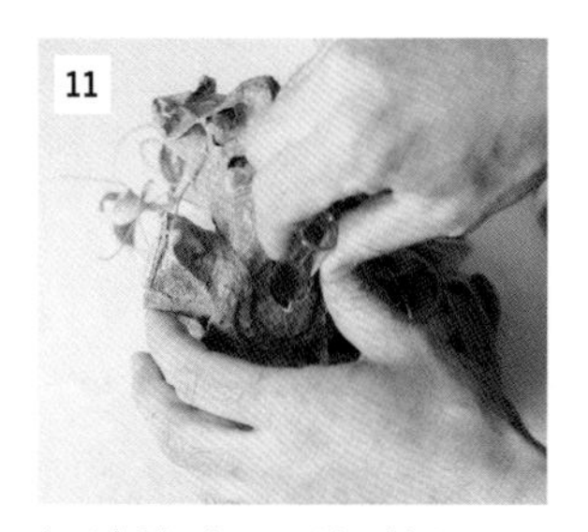

11

把试管放入刚打的洞里。往试管里倒入水，植物就能生长了。

12

这里种的是造型别致、有个性的绿色石松。

要点｜POINT

1. 试管要全部放入柱状仙人掌中，不可以露在外面。
2. 因为放试管的洞与试管的大小相当，在放置过程中试管有破裂的危险，所以注意不要用蛮力。

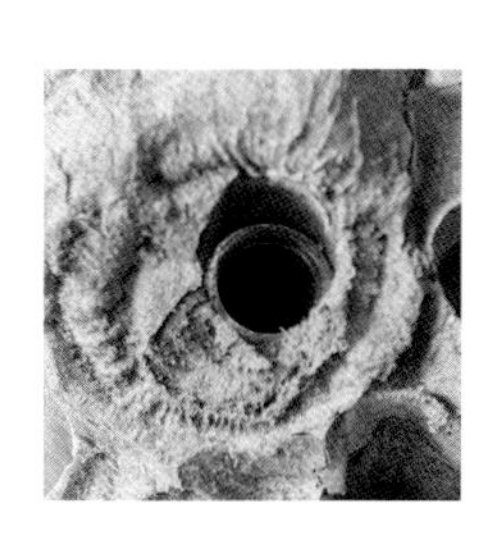

多彩圆点

将叶片加工成小的圆片后，原本在叶片中混合在一起的几种颜色因此变得分明起来。
褐色、深红、朱红、浅红、紫、绿、黄——原来叶子有这么多种颜色啊！再一次惊讶于叶片那丰富的色彩。把这些圆片放在装好水的容器中，让它们浮在水上，马上摇身一变成为好看的装饰品。器皿使用白色的，能衬托出叶的艳丽。

所需材料和工具

- 枫叶
- 打孔器
- 容器

制作方法 | HOW TO MAKE

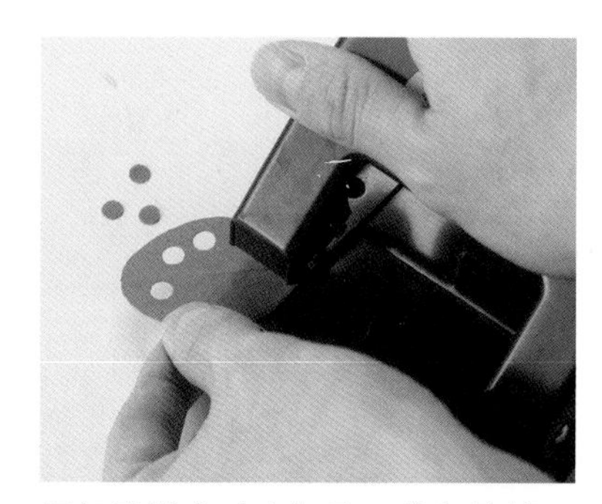

用打孔器在叶上打孔，将打孔掉下的圆叶片放入事先装好水的容器中，让圆叶片漂浮在水上。

要点 | POINT

1. 选择红叶、黄叶等有色调变化的叶子，这样颜色比较丰富，更加有趣。
2. 落叶也可以这样处理。
3. 把被虫咬过的叶片放进去，会更有趣。

制作方法 | HOW TO MAKE

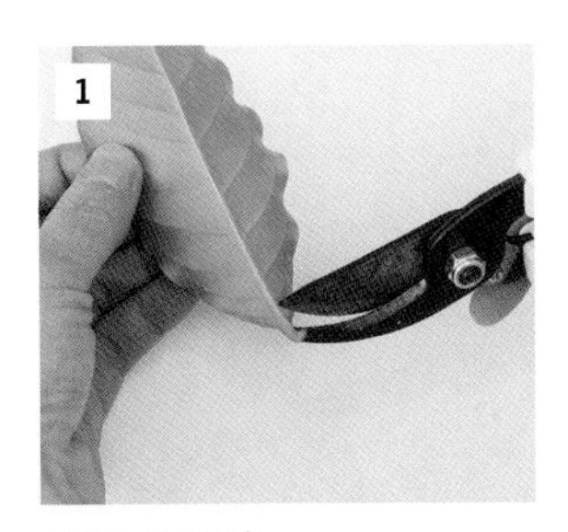

将叶茎剪掉。

用布或纸巾将叶上的水分吸干。

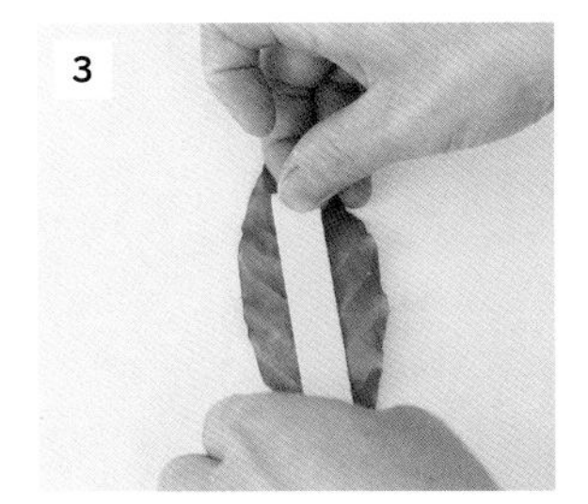

在叶片背面贴上双面胶（尽可能贴得长一些）。

咖啡嘉年华

修剪完咖啡树盆栽后，利用那些修剪下来的叶片制作一个作品吧。
示例使用的是咖啡叶，其实使用其他叶片也没问题。
如果用茶杯的话就可以使用茶花树叶，容器方面还可以使用塑料瓶或者塑料杯。
从盆栽上修剪下来的各种叶子，甚至落叶都可以如法炮制。

所需材料和工具

- 咖啡叶
- 咖啡豆
- 硬叶兜兰
- 咖啡杯
- 双面胶
- 布或纸巾

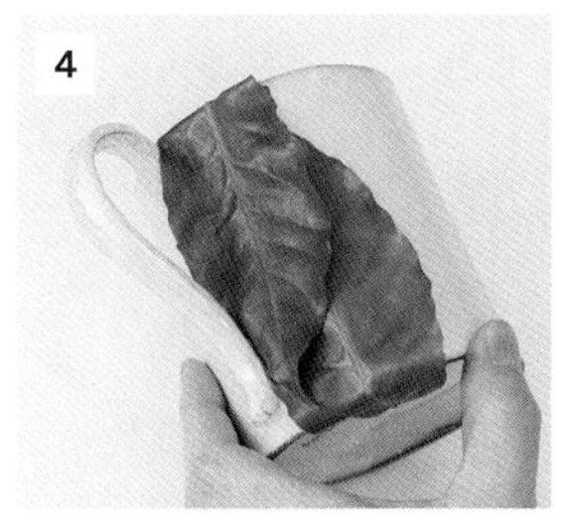

将叶片贴在杯子上。按照一下一上、一下一上的顺序来贴能整齐匀称一些。

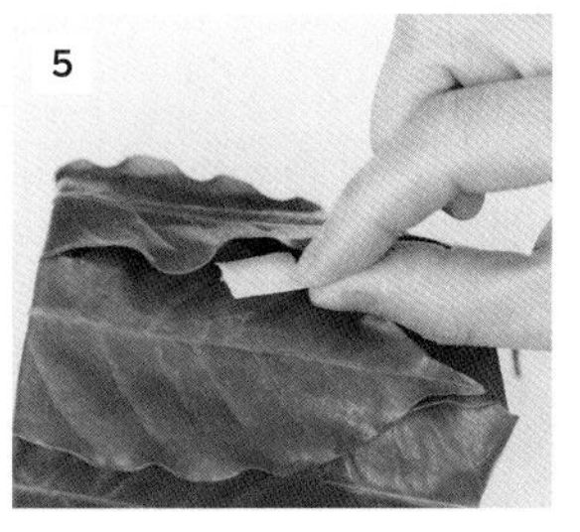

叶片翘起来的地方可用短一点的双面胶补上。

放入咖啡豆。插入硬叶兜兰会使作品更加华丽。

叶子包装

将庭院中的花简单地捆扎成束。
要是想作为礼物送出的话，不妨试试下面的方法。
用大叶子而不是用包装纸将花束包装起来，这种充满自然气息的包装方法，既不会太夸张，又不会太低调，作为小礼物简直无可挑剔。

所需材料和工具

- 花束
- 一叶兰
- 麻线

制作方法 | HOW TO MAKE

将一叶兰的叶片茎部朝上拿在手上，将准备包装的花束放在上面。

用叶片把花束茎部包住，然后将下半部的一叶兰叶片由下至上弯折，让一叶兰叶片的尖正好在花的下方。

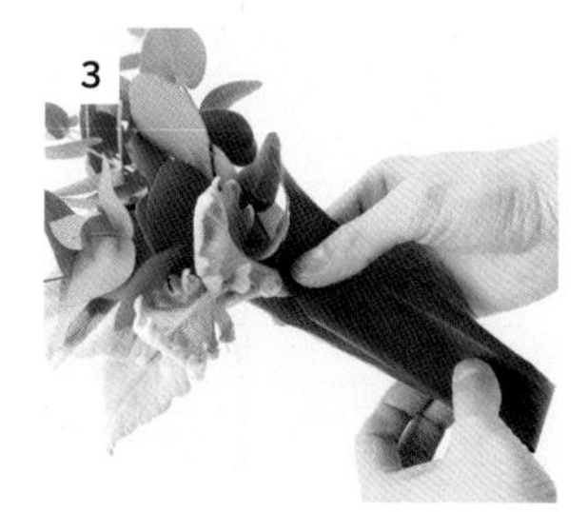

这是折好的样子。叶片尖用麻线绑好。再将一叶兰的叶柄弯曲后绑在一起，看起来像提手一样，很可爱。

用喜欢的容器做植物混搭

这是一个将自己喜欢的容器万能化的植物混搭术。
将种有幼苗的花盆直接放入容器中，再稍加一些多肉植物，一转眼就变高雅起来！
选择个性鲜明的植物就可以制作出独一无二的叶材花艺作品。

所需材料和工具

- 天使泪（盆栽）
- 树根
- 空气凤梨
- 多肉植物
- 自己喜欢的容器

要点 | POINT

小作品：
为了体现天使泪的帅气而非可爱，我们选择了古朴的容器。保留买来时带的花盆，直接放入容器中就可以。将多肉植物加进去会更加有趣。

大作品：
将土放入容器，并将已生根的天使泪移栽进去。将树根倒放在上面，再在树根上放上形如菠萝冠顶一般的空气凤梨。营造出树与绿叶相映成趣的氛围。

树叶挂毯

这是一个用就算缺水也能在一定程度上保持颜色不变的加莱克斯草的叶片做成的平面设计。
将叶片规则的排列起来，制作成简单而不失现代感的挂毯，就算干枯了也没关系。
极具光泽的叶片既体现出了自然的美感，又强调了自身的存在感。
还可以在挂毯上摆上卡片当作婚礼上的迎宾牌。

所需材料和工具

- 铁丝（悬挂、收尾时使用）
- 剪刀

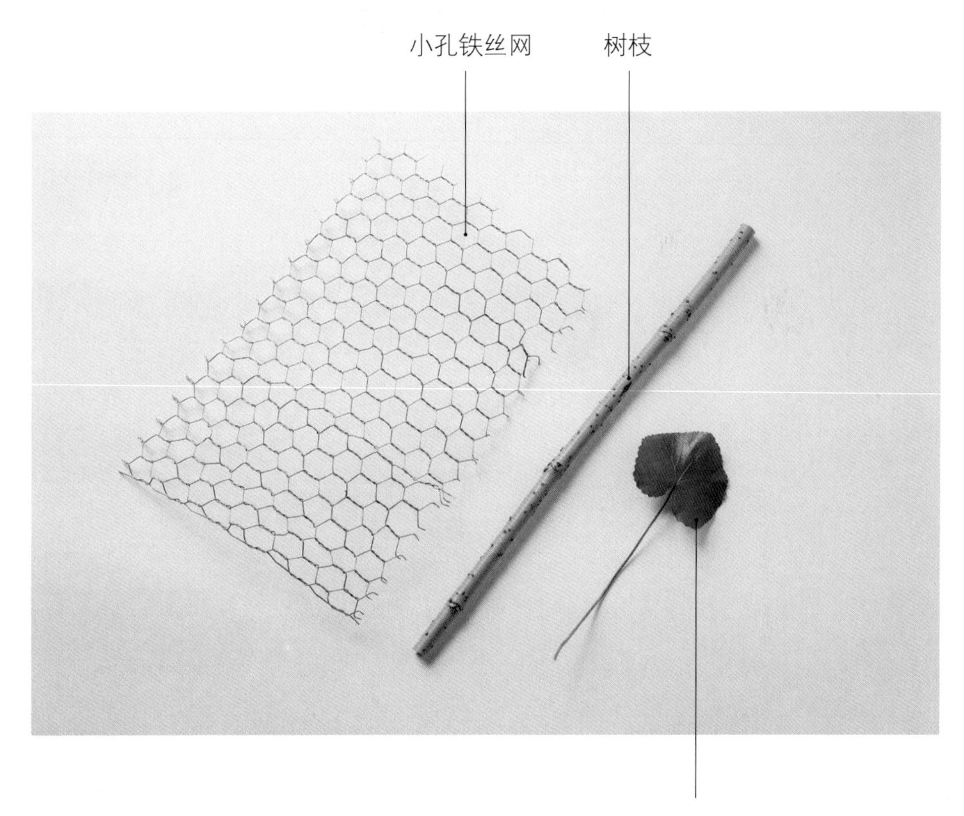

制作方法 | HOW TO MAKE

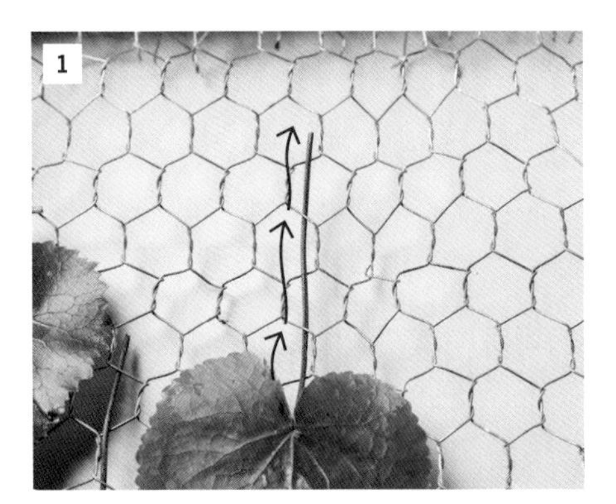

用剪刀将小孔铁丝网剪成所需大小，像缝针线一样将加莱克斯草的茎从网洞中“缝进去”。从网的下部开始向上“缝”会更流畅。

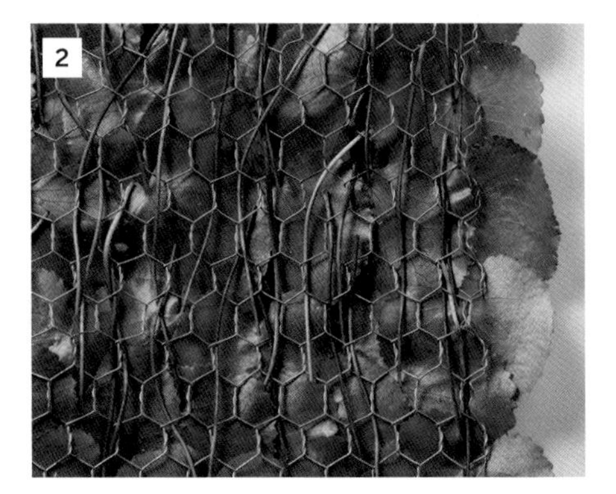

这是网背面的样子。茎部像缝线一般将叶子固定在网上，所以即使不用黏合剂也能固定住。因此，加莱克斯草的茎部一定要尽可能留长一些，这样叶片才不容易脱落。

叶片穿好后，用树枝将网的顶部夹住，并将铁丝穿过网洞（图中为了看起来方便并没有穿完叶片）拧紧，将网与树枝固定在一起。要多绑几处。

在树枝两端绑上悬挂用的铁丝，就完成了。为了不破坏整个作品的风格，最好选择有锈蚀感的褐色铁丝。

要点 | POINT

1. 什么树的树枝都可以，只要树枝笔直就行。
2. 尽可能将加莱克斯草穿得密一些，这样成品就会成为一幅精美的图画。
3. 小孔铁丝网、铁丝等材料都可在超市或网店买到。

附赠

参与本书作品制作的花艺师

下面介绍参与制作本书中作品的各位花艺大师。他们中既有自由职业的花艺设计师，也有花店老板和专属花艺大师，虽岗位各异，但全都是技艺精湛的实力派！而且，除了叶子之外，他们对花束以及花艺等也样样精通，作品美妙无比。

---

01 岡 宽之 Hiroyuki Oka

曾在荒井枫久香门下学习花艺，有丹麦留学经历。曾获得比利时 Stichting Kunstboek 社 *International FLORAL ART 0809* 颁发的银叶奖。曾任职于真美花艺设计学校以及福罗瑞 21，现在是自由职业者。2013 年 7 月，由比利时 Stichting Kunstboek 社出版首本个人作品集 *HiroyukiOka MONOGRAPH*。

参与本书作品

P50

P54

P56

P57

P80

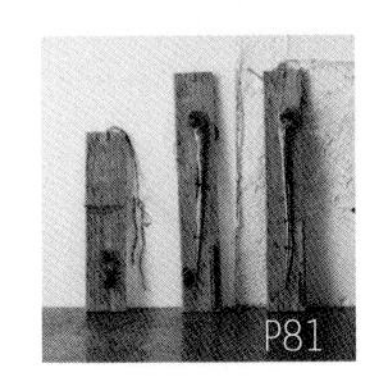
P81

P82

P116

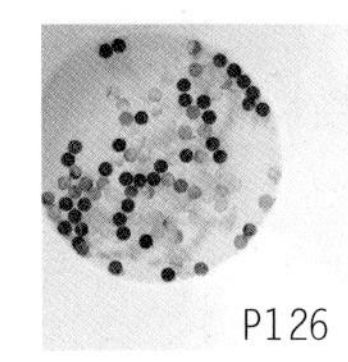
P126

P130

02 清水孝纪 Takanori Shimizu

在日本东京吉祥寺以及青山的花店工作近 10 年，在自家盆栽园工作 5 年。2011 年 5 月，在东京西荻窪开了一家名为“dotmoss”的店，主要业务为插花与盆栽。为了改变盆栽门槛高这一传统印象，在盆栽大小和培养的简易度上下了很大功夫。为了能让人爱上植物，不断地设计出将植物作为室内装饰、轻松享受的作品。

参与本书作品

P46

P52

P42

P114

---

03 藤野幸信 Yukinobu Fujino

从日本广岛大学生物科学专业毕业后，进入广岛市内的老字号花店工作。之后参与婚礼花饰、花束制作、媒体摄影花饰、店内陈列等众多工作，2006 年在广岛市内开了一家名为“fleurs tr é molo”的店。店名中的“tr é molo”是音乐术语，震音的意思，全意为“感动得声音都在颤抖”。花店的主题是“用花来表现人的各种感觉器官能感受到的四季色彩和质感”。

参与本书作品

P72

P68

P106

P112

P128

04 三浦裕二 Yuji Miura

18 岁开始学习花道，在日本东京中目黑的“FLOWERS NEST”（花巢）工作 16 年。2014 年 9 月开始独立经营一家名为“irotoiro”的店。广泛从事广告和插花、装饰、婚礼花饰等各种各样工作。喜好应季野花的三浦先生的店内，除了大枝干的花材之外，还一并摆放着许许多多纤细的鲜草鲜花，随性而惬意。

P60

参与本书作品

P62

P86

P88

P118

P132

---

05 山村多贺也 Takaya Yamamura

上市公司花乃祥（hana no shou）的董事，Deuxi é me 法人代表。1999 年开始在日本广岛市西区经营一家名为“Deuxi é me”的店。将提供既具现代感又不失自然感的花作为开店主旨，为店铺和住宅提供花与绿植设计，并逐步向提供课程、婚礼设计与承办方面深入发展。2015 年秋季，Deuxi é me 古江分店开业。在第一届 Florist 花艺评比中冲进决赛。2014 年在日本宫岛大圣院插花竞赛中拔得头筹。2015 年举办了“咖啡连接花艺与音乐”活动。

参与本书作品

P48

P76

P98

P102

P122

06 吉崎正大 Masahiro Yoshizaki

学生时代学习室内装饰，后任职于空间设计事务所。因渐渐对与室内装饰联系紧密的植物产生兴趣而辞职，进入花店工作。2003 年结识稻叶武德并在其门下学习。2009 年在日本东京都品川区开设了一家名为“asebi”的店。2015 年 4 月搬迁至惠比寿，现在的工作以婚礼为中心，在婚礼、摄影装饰等各领域都有所发展。

参与本书作品

帮助摄影的热心店铺 & 个人

Carlos
[P102]

green coffee
（地址：广岛县广岛市南区段原 1-5-7）［P68、P72、P106、P112、P128］

MOUNT COFFEE
（地址：广岛县广岛市西区庚午北 2-20-13-1F）［P48、P76、P122］

morning. JUICE STAND
（广岛县广岛市西区天满町 9-16）［P98］

真的非常感谢

设计　林慎一郎（及川真咲设计事务所）
摄影　加藤达彦　封面、P58-59、P64-65、P92-95、P110-111、P134-137
　　　北恵 KENJI（花田写真事务所）P48-49、P68-71、P72-75、P76-79、P98-109、P112-113、P122-125、P128-129、P142-143
　　　佐佐木智幸　P3-7、P12-13、P16-27、P30-39、P42-45、P46-47、P50-57、P80-85、P114-117、P126-127、P130-131
　　　三浦希衣子　P60-63、P86-91、P118-119、P132-133
DTP　双英社

享受叶生活！

图书在版编目（CIP）数据

叶材设计与制作 /（日）花艺师编辑部编；唐伟伦译．
—北京：中国轻工业出版社，2018.7
ISBN 978-7-5184-1957-9

Ⅰ．①叶… Ⅱ．①日… ②唐… Ⅲ．①花卉－叶－观
赏园艺 Ⅳ．① S68

中国版本图书馆 CIP 数据核字（2018）第 093826 号

责任编辑：翟 燕 王 玲　　责任终审：张乃柬　　整体设计：锋尚设计
责任校对：吴大鹏　　责任监印：张京华

出版发行：中国轻工业出版社（北京东长安街6号，邮编：100740）
印　　刷：北京富诚彩色印刷有限公司
经　　销：各地新华书店
版　　次：2018年7月第1版第1次印刷
开　　本：720×1000　1/16　印张：9
字　　数：100千字
书　　号：ISBN 978-7-5184-1957-9　定价：58.00元
邮购电话：010-65241695
发行电话：010-85119835　传真：85113293
网　　址：http://www.chlip.com.cn
Email：club@chlip.com.cn
如发现图书残缺请与我社邮购联系调换
170679S5X101ZYW